JN081184

たった1日でわかる 46億年の地球史

アンドルー・H・ノール 著
鈴木和博 訳

マーシャへ
すべてのことに対して

プロローグ

地球学への招待状

私たちは地球の重力に引かれて生きている。一歩歩くたびに、足は岩や土に触れる。たとえそこが床板やアスファルトに覆われていても、同じことだ。飛行機に乗れば重力の束縛から解放されると思うかもしれないが、その高揚感も一瞬だけだ。数時間もすれば再び重力の支配下に引き戻され、大地に束縛される。

地球に引かれるというのは、重力だけの話ではない。人類が口にする食糧は、大気や海水に含まれる二酸化炭素、そして土壌や海洋に含まれる水や養分からできている。呼吸をすれば、肺に豊富な酸素が含まれた空気が入ってくる。食事からエネルギーを得られるのもそのためだ。人が凍えずにすむのも、大気中に二酸化炭素があるからだ。冷蔵庫のドアに使われている鉄も、缶に使われるアルミニウムも、硬貨に使われる銅も、そしてスマートフォンに使われるレアアースやレアメタルも、すべて地球の産物だ。こういったことを考えるなら、ほとんどの人が地球に対してあまりに無頓着なのは驚くべきことだ。この偉大な天体は、私たちを支え、ときに地震やハリケーンで被害をもたらす。

では、宇宙における地球の位置づけを理解するには、どうすればよいのだろうか。私たちの存在に欠かせない岩石や空気、水はどのように生まれたのだろうか。大陸、山脈、峡谷、地震、火山などはどのように説明できるのだろうか。大気や海水の組成はどのように決まるのか。そして、私たちの周囲にあふれる多種多様な生命は、どのようにして誕生したのか。あるいは、もっとも重要なのは、私たちの行動によって地球や生命がどのように変化しているのかということかもしれない。こういった問いは過程を尋ねるものだが、歴史を尋ねるものでもある。本書の目的は、それを読み解いていくことにある。

本書で取りあげるのは、私たちの故郷である地球と、その地表にあふれる生命の物語だ。地球は変わらぬ存在と思われがちだが、地球に関するすべてがダイナミックに変化しつづけている。たとえば、米国のボストンは温暖な気候で、夏は暖かく、冬は寒い。年間を通して適度な降水量があり、季節は変わることなく巡ってくる。私のように何十年もそこに住んでいる者なら、いつもと同じだと感じることだろう。しかし、気象学者に言わせれば、ボストンの年間平均気温は、今の高齢者が生まれたころに比べて摂氏0・6度以上上昇している。また、地表の温度に大きく影響する大気中の二酸化炭素の量も、1950年代から3割ほど増加している。さらに、海面の上昇は世界中で観測されており、海水中の酸素量はビートルズが一世を風靡したころに比べて3パーセントほど減少している。

時間とともに、小さな変化が積み重なっている。ボストンからロンドンまでの距離は毎年約2・5センチメートルずつ広がっている。新しくできた海底が、北米とヨーロッパを少しずつ引き離しているからだ。もし時間を戻すことができるなら、2億年前にはアメリカのニューイングランドとイギリスのイングランドが同じ大陸にある姿を見ることができるだろう。現在のアフリカ東部にあるような地溝帯が、海洋盆地を形成しはじめていた。長い時間軸で見れば、地球はじつに大規模な変化を遂げている。たとえば、初期の地球を自由に歩き回れたとしても、酸素がないのですぐに窒息してしまうはずだ。

地球とそこに暮らす生命の物語は、どんなハリウッド映画の大作よりも壮大で、ベストセラーのスリラー小説に勝るとも劣らない展開に満ちている。40億年以上前、小ぶりな若い恒星の周りを、岩石でできた小さな天体が回っていた。初期の地球は激動の世界で、彗星や隕石の雨が降り注ぎ、マグマの海が地表を覆い、大気には有毒ガスが満ちていた。しかし、時間が経つにつれて、その星は冷えはじめた。大陸が形成され、分裂と衝突を繰り返して壮大な山脈が生まれたが、そのほとんどは時とともに失われていった。人類が目にしたことがあるものよりも格段に大きな火山。繰り返される世界規模の氷河期。私たちがようやく理解しはじめた無数の失われた世界。そのダイナミックな舞台に、どうにか確かな土台を築きあげたのが生命だ。生命は地表を一変させ、それが三葉虫や恐竜の時代につながった。そして、話し、考え、道具を作り、再び世界を変えることができる種が生まれることになった。

私たちのまわりに存在する山や海、木々、動物はもとより、金やダイヤモンド、石炭、石油、そして呼吸に必要な空気は、どのように誕生したのだろうか。地球の歴史を知ることは、その貴重な過程を理解することにつながる。さらに、人類の活動がこの21世紀の世界をどのように変えているのかを理解するために必要な背景を知ることにもつながる。地球の歴史の大部分は、人類が住めない世界で繰り広げられていた。地質学における不朽の成果の一つは、今という瞬間がどれほど脆く、はかなく、貴重なものであるかを認識できたことだ。

現在、まるで黙示録に登場するかのような災厄が頻発している。カリフォルニアやアマゾンの未曾有の森林火災。アラスカの熱波やグリーンランドの氷河融解。カリブ海やメキシコ湾岸に甚大な被害をもたらした巨大ハリケーン。米国中西部に水害をもたらす「１００年に１度」の洪水の頻度は上がっている。インド第６の都市チェンナイでは水不足が発生し、南アフリカのケープタウンやブラジルのサンパウロでも水の供給が逼迫している。生物も同じだ。北米の鳥の数は１９７０年から30パーセント減少している。虫の数は半減し、グレート・バリア・リーフのサンゴは大量死し、ゾウやサイの数は激減している。商業漁業は世界的に厳しい状況だ。数の減少は絶滅ではないが、種が生物学的な終局に向かう道行きであることは明らかだ。

世界は破滅に向かっているのだろうか。一言で言うなら、答えは「イエス」だ。その理由もわかっている。元凶は人間だ。大気中に温室効果ガスを排出しているのは人間で、それによって地球は温暖化し、熱波や干ばつ、嵐の規模と頻度が上がっている。土地の使い方を変え、乱開発を行い、気候変動を起こしてさまざまな種を瀬戸際に追いこんでいるのも人間だ。そういったことを考えれば、一番残念なのは私たち人間の反応かもしれない。大半の人間はこのことに無関心だ。特に深刻なのは、私の母国であるアメリカだろう。

この惑星規模の変化は、私たちの子孫の生存を脅かすことになるはずだ。それを前にして、なぜ多くの人々がここまで無関心なのだろうか。1968年にセネガルの森林保護活動家であるババ・ディオウムが出した答えは明快だ。「つまるところ、私たちが保護しようとするのは大切なものだけだ。大切に思うのは理解できるものだけで、理解できるのは教えられたことだけだ」

ならばそれを理解できるようにしようというのが本書の試みだ。現在の地球を生みだした長い歴史を尊重すること。人間の活動が40億年かけて作られた世界にどれほど深刻な影響を与えているのかを認識すること。そして、それに対して行動を起こすこと。本書はそれに向けての招待状であり、警鐘である。

目次

1

化学と地球

地球はどのように生まれたのか

太陽と地球の誕生

はじまりは点にすぎなかった。それは想像を絶するほど小さいが、とてつもなく密度が高かった。広大で何もない宇宙の中で、そこにだけ物質が集まっていたわけではない。それ自体が宇宙だった。なぜそれが生まれたのかは、誰にもわからない。

その前に何があったのかもわからない。とにかく、約138億年前に、この原始宇宙の核は急激に膨張しはじめた。「ビッグバン」だ。これが膨大なエネルギーと物質を放出した。ただしそれは、私たちが日々目にする岩石や鉱物ではなかった。岩石や空気や水を作る原子でもない。初期宇宙の物質は、クォーク、レプトン、グルーオンという素粒子でできていた。やがてこういった不思議な素粒子が集まって、原子が生まれた。

私たちが宇宙とその歴史を理解できたのは、もっともはかないもの、すなわち光のおかげだ。夜空を形作る無数の星々は、さながら宇宙の歴史の教科書とでもいうべきものだ。私たちが宇宙の進化を理解できたのは、光に2つの特徴があるおかげだ。まず、届く光にはさまざまな波長があり、そこから物質の組成がわかる。私たちの目は、波長のごく狭い部分しか検知できない。しかし、恒星や天体は、電波やマイクロ波からX線からガンマ線まで、広範囲の光を発したり吸収したりする。そこから色々なことがわかるのだ。もう一つ重要なのは、光には真空中で1秒間に2億9979万2458メートルという厳格な最大速度があることだ。私たちが目にする太陽光は、8分20秒前に太陽を出発した。それよりも遠くにある天体なら、さらに昔の姿を見ていることになる。遠くにある天体ほど、昔の姿が見える。夜空が歴史の教科書になるのは、そのためだ。

全天からまんべんなく届くマイクロ波は、ビッグバンとその直後のなごりだ。時間が始まってから数十万年後に誕生した第1世代の星々の光が、今になって私たちのもとに届いている。では、こういった初期の星々はどのように誕生したのだろうか。それには、重力が深く関わっている。重力は宇宙の建築家だ。重力とは物体同士が引き合う力で、その力の強さは、物体の質量と物体間の距離によって決まる。膨張する初期の宇宙で原子が誕生すると、重力によって原子同士が集まりはじめた。あちこちで原子の塊が大きくなると、重力も強まり、やがて高温・高密度の球体になった。あまりに高温で高密度なので、水素の原子核が融合して光と熱を放出し、ヘリウムになる。これが星の誕生だ。こういった原始星は、熱く巨大で寿命は短い。しかし、その後の宇宙の道行きを決めたのはそういった星々だ。私たちもその延長線上に存在する。

ビッグバンで生まれた物質は、主にもっとも単純な元素である水素原子でできており、重水素（水素に1つの中性子が加わったもの）とヘリウムも含まれていた。リチウムなど、他の軽い元素もわずかに作られたが、種類は多くはなかった。いや、ほかにも作られたものはあったが、それが何なのかはまだよくわかっていない。１９５０年代の天文学で、星や銀河（星やガス、塵が重力によって引き合い、集まったもの）の動きから深宇宙の重力を計算するという試みが行われるようになった。しかし、宇宙の既知の物質の質量をすべて足し合わせても、観測結果に比べると、はるかに足りないことがわかった。つまり、通常の物質に重力による影響を及ぼす、目に見えない何かがあるということになる。天文学では、それをダークマターと呼ぶ。ダークマターの研究はずっと続いているが、その正体を突き止めるには至っていない。さらに謎に包まれているものもある。それはダークエネルギーと呼ばれており、ダークマターと同じく、これがないと宇宙の仕組みを説明できない。ダークマターとダークエネルギーを合わせると、宇宙に存在する物質の95パーセントを占めると考えられている。私たちが検知できないこの謎の要素が、宇宙を作るうえで重要な役割を果たしたと考えられている。

通常の物質に話を戻そう。星が生まれはじめたばかりの宇宙は、（主に）水素原子が薄く広がる冷たい世界だった。初期の星々からヘリウムができたが、地球を作れるようなものは何もなかった（次ページの「地球と生命の元素組成」を参照）。

地球と生命の元素組成

（重量比、単位：パーセント）

地球	
鉄	33
酸素	31
ケイ素	19
マグネシウム	13
ニッケル	1.9
カルシウム	0.9
アルミニウム	0.9
その他	0.3
人体の細胞	
酸素	65
炭素	18
水素	10
窒素	3
カルシウム	1.5
リン	1
その他	1.5

では、地球を作っている鉄、ケイ素、酸素などはどこで生まれたのだろうか。私たちの体を作っている炭素、窒素、リンなどの元素はどうだろう。そういった元素は、その後の世代の星々から生まれた。この星々は、やがて地球を作りあげる原子を生みだす工場だ。巨大な星の内部は高温・高圧なので、軽い元素が融合して炭素や酸素、ケイ素、カルシウムが作られた。鉄、金、ウランなどの重元素は、超新星と呼ばれる大爆発によって生まれた。鏡に映った顔は数十年を経た顔に見えるかもしれないが、その鏡は数十億年前の星々で作られた元素でできている。

膨大な時間の中で、星々が生まれ、死んでいった。そのたびに元素が増えていき、それが集まって今の地球や生命ができている。銀河の合体やブラックホール（非常に高密度なため、光すら逃げることができない場所）の出現を通して、ゆっくりと今の宇宙ができていった。

ここで、約46億年前の出来事に注目してみよう。天の川銀河というこれといって特徴のない銀河の「腕」の部分に、水素原子とわずかなガスと氷、そして微細な鉱物が集まった雲があった。最初、その雲は薄く巨大で、マイナス260度ほどと非常に冷たかった。おそらく、近くの超新星がきっかけとなったのだろう。この雲が凝縮を始め、小さくなって密度が高まり、温度も上がり、星雲になった。宇宙のあちこちで何十億回も繰り返されてきたように、やがてほとんどの雲が重力によって引き寄せられ、その中心に、熱く高密度な物体ができた。

太陽の誕生だ。星雲のほとんどの水素は太陽になったが、氷と微細な鉱物は、円盤状になって生まれたばかりの太陽の周りを回ることになった。現在、土星の周りを回っている小さな粒子の環のようなものだと思えばいいだろう（図1）。最初、この円盤は、鉱物や氷が蒸発してしまうほど熱かったが、数百万年後には冷えはじめ、外縁部は急速に、太陽の近くはゆっくりと冷たくなっていった。

物質が溶けたり結晶化したりする温度は、その物質によって異なる。日常の体験から誰でも知っていることだ。たとえば、地表では水は0度で氷になるが、二酸化炭素はマイナス78・5度と、それよりも低い温度で凍ってドライアイスになる。同じように、岩石中の鉱物も、さまざまな温度で溶解する物質が結晶化してできている。数百度で溶けるものもあれば、1000度以上が必要なものもある。そのため、円盤が冷えてくると、太陽との距離に応じて、さまざまなタイミングと場所でさまざまな物質が固体に結晶化する。最初にカルシウム、アルミニウム、チタンの酸化物ができ、次に鉄、ニッケル、コバルトといった金属ができた。その後、太陽から雪線と呼ばれる距離以上離れた場所で、水、二酸化炭素、一酸化炭素、メタン、アンモニアの氷ができた。これらは、海や大気、そして生命の源となった物質だ。鉱物や氷の粒は衝突を繰り返して大きくなり、それが合体して大きな天体になった。そして数百万年が経過すると、かつて円盤があった場所には、いくつかの大きな球状の天体だけが残った。そのうち、太陽から約1億5000万キロ離れて周回する「太陽から3番目の岩石惑星」が地球だ。

図1：アタカマ大型ミリ波干渉計で撮影したおうし座HL星。太陽に似た若い星で、原始惑星円盤が見られる。環と隙間は、軌道上の塵やガスから惑星が生まれつつある証拠だ。45億4000万年前には、私たちの太陽系も同じような姿をしていたのかもしれない。

出典：ALMA (ESO/NAOJ/NRAO)/ NASA/ESA

地球はどのように生まれたのか

生まれたばかりの地球はどのような姿だったのかについて、さらに突き詰めてみよう。光が宇宙の歴史を教えてくれるのと同じように、地球の歴史は岩石が教えてくれる。グランドキャニオンやルイーズ湖（カナダ）の周囲の山々を眺めるのは、石に刻まれた地球の歴史に関する蔵書を収めた自然の図書館を見るということだ。氾濫原や海底の堆積岩（古い岩石が浸食されてできた小石や砂や泥、海や湖の底に沈殿した石灰岩など）には、それができた時間と場所についての物理的、化学的、生物学的な特徴が何層にもわたって記録されている。火成岩（地球内部の深いところにあるマグマに由来するもの）や変成岩（堆積岩や火成岩が地球内部の高温・高圧で変化したもの）からは、地球内部のダイナミックな活動がうかがえる。こういった岩石を合わせ見ることで、若い地球が成熟に至り、生命がバクテリアから人類に進化した壮大な物語が浮かび上がってくる。中でも特に注目すべき物語は、長い時間の中で、地球上の物質や生命が相互に影響し合ってきたことだろう。イギリス南部のドーセットの海岸に連なる絶壁を見れば、1億8000万年前の地球の姿を想像できる。地質学者になって40年を経た今でも、これには驚きを禁じえない。さらにすごいのは、先ほども触れたように、こういった岩石から数十億年前の地球や生命の姿がわかることだ。

雄大なロッキー山脈やアルプス山脈をよく見てみると、地球の歴史の別の側面が見えてくる。とがった形の山は、堆積ではなく、浸食によってできたものだ。浸食とは、岩をすり減らす物理的、化学的な作用のことで、そこに刻まれた物語が失われることを意味する。地球は片手で歴史を刻みつつ、もう片方の手でそれを消している。時間をさかのぼるほど、消す力のほうが優勢になる。地球は約45億4000万年前に誕生したが、既知の地球最古の岩石は約40億年前のものでしかない。もっと古いものがあるはずだが、浸食されてなくなってしまったか、埋もれてしまって変成作用により別のものに変わってしまった。ひょっとすると、カナダやシベリアの僻地(へきち)にはまだわずかに残っており、発見されるのを待っているかもしれない。だが、地球の歴史の最初の6000万年は、ほとんどが未知の暗黒時代だ。

では、記録が失われてしまっている中で、どうすれば生まれたての地球の姿を再現できるだろうか。実は、離れた場所に保管されたバックアップのようなものがある。それは隕石だ。隕石は太陽系ができたばかりのときに作られた石で、よく地球に落下してくる。地球などの惑星が45億年以上前にできたと自信を持って言えるのは、この隕石の中に地質学的な「時計」が閉じこめられているからだ(地球の年代測定については、後ほど詳しく取りあげる)。コンドライトと呼ばれる隕石には、コンドリュールと呼ばれる数ミリ程度の丸い石が含まれる。コンドリュールには、惑星形成の最初期に、小さな粒子同士がぶつかって大きくなる過程が記録されていると考えられている（図2）。組成を詳しく調べた結果、この考え方が支持されるようになった。コンドリュールには、太陽の周りの円盤が冷えはじめたときに最初にできたカルシウム、アルミニウム、チタンといった鉱物や、近くの超新星から放出されて太陽系に吸収された稀少な粒子が含まれていたからだ。つまり、コンドライト隕石には初期の太陽系の様子が直接記録されており、コンドライトの化学的組成から地球の主な材料がわかる。

太陽の周辺にあったほとんどの岩石や氷は、数百万年のうちに、集まっていくつかの惑星になった。従来の説では、微粒子が集まって少し大きな粒子になり、それが合体してさらに大きな物体になり、やがて微惑星（火星と木星の軌道の間にある小惑星帯で見られるような数キロメートル大の岩石）となった。小石大の粒子が直接惑星などの天体になったとする別の仮説もある。いずれにしても、合体によって最終形に近づいていき、月から火星くらいの大きさの100個程度の天体だけが残り、それが衝突を繰り返して太陽系の惑星が作られた。そのような衝突の一つが、地球に甚大な影響を与えた。地球がほぼできあがってから数千万年後、火星ほどの大きさの天体がこの生まれたての惑星に衝突し、岩石やガスが宇宙空間に巻きあげられた。そのほとんどは合体して小さな岩石の球体となり、地球の周りを回りはじ

図2：1969年に地球に落下したアエンデ隕石。炭素質コンドライト隕石で、中にコンドリュールという粒状の岩石が含まれている。このような粒が太陽系初期に形成され、それが合体を繰り返して地球などの内惑星ができた。炭素質コンドライトには、水と有機物の分子が含まれており、やがてそれが大気や海、そして生命になった。右側に置かれているブロックは1センチメートル四方。

出典：Matteo Chinellato (via Wiki, Creative Commons)

めた。満月は詩情を抱かせるかもしれないが、そこには壮絶な生い立ちがある。月の岩石を綿密に調べたことで、その秘密が明らかになった。

地球は何からできているか

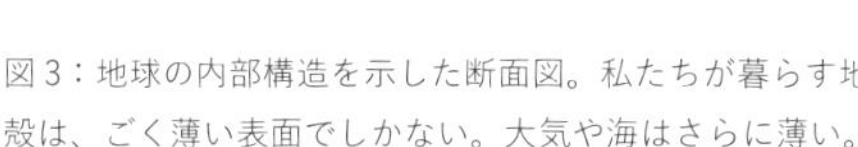

図3：地球の内部構造を示した断面図。私たちが暮らす地殻は、ごく薄い表面でしかない。大気や海はさらに薄い。

地球は岩石でできた球体で、赤道の直径は1万2746キロメートルある（実際には完全な球体ではなく、自転の影響で赤道方向に少し膨らみ、極方向に少しつぶれている）。地球を半分に切ったとすれば（実際にはお勧めできないが）、内部は均質ではなく、ゆで卵のような同心球状の層構造になっていることがわかるはずだ（図3）。地球の黄身にあたる部分が核だ。一番深いところにある熱く高密度な物体で、地球の質量の約3分の1を占める。核の大半は鉄で、ほかにニッケルなどが含まれるが、10パーセントほどは水素、酸素、硫黄、窒素といった軽元素だと考えられている。「考えられている」と書いたのは、H・G・ウェルズには申し訳ないが、地球の中心まで行ってサンプルを採取してきた者はいないからだ。しかし、地震のエネルギー波が地中でどのように伝播、反射、屈折、吸収されるかを分析すれば、核の大きさや密度がわかる。病院のCTスキャナと同じ原理だ。密度に関して言えば、核のほとんどは鉄であるはずだ。実験と計算によると、前述のような軽元素が混ざっていれば、観測された密度と一致する。しかし、一致する解は一つだけではないので、厳密な組成はわからない。直径1226キロメートルの球体である内核は固体だが、厚さ2260キロメートルほどの外核は溶けており、ゆっくりと対流している。つまり、中心に近い場所にある熱く密度の高い物質は上昇し、外側にある冷たく密度の低い物質は沈む。この外核の動きから電気が発生し、それが地球の磁場になる。日常生活で磁場を意識することはほとんどないが、私たちが生活できるのはこの磁場のおかげだ。太陽風（太陽が放出する荷電粒子のエネルギーの流れ）によって大気が剥ぎ取られることがないのも、コンパスが（ほぼ）北を指すのも、磁場があるからだ。

ゆで卵の白身にあたるのが、核の外側にあるマントルだ。マントルは地球の質量の約3分の2を占め、主にケイ酸塩鉱物でできている。ケイ酸塩鉱物は、二酸化ケイ素（S_iO_2、純粋な結晶は石英と呼ばれる）を豊富に含み、マグネシウムや微量の鉄、カルシウム、アルミニウムが結合した鉱物だ。マントルについての知識も、ほとんどは地震波を手がかりにして実験で算出したものだ。ただし、地球はときどきマントルのかけらを地表に運んでくれる。中でもひときわ目立つのが、地中深いところからやってくるダイヤモンドだ。ダイヤモンドは純粋な炭素でできた硬い鉱物で、地下１６０キロメートル以上で形成され、マグマ（火成岩などの岩石が溶けたもの）によって地表に運ばれる。ローレライ・リー（映画「紳士は金髪がお好き」でマリリン・モンローが演じた役柄）は、女の子の最高の親友はダイヤモンドだと言ったが、実は地質学者にも同じことがいえる。ダイヤモンドには、マントルの物質がわずかに含まれていることが多く、格好の研究材料となるからだ。

　マントルは固体だが、長い目で見れば対流している。しかし、マントルが3次元的に厳密にどう対流しているかについては、まだ定説がない。マントルのすべての部分から火山岩が生成され、それが地表に浮上してくるのかどうかもわかっていない。ただ、地球のもっとも外側の層である地殻は、マントルの岩石が部分的に溶けたことで形成されたという点は、地質学者の共通認識になっている。

　卵の薄い殻にあたる地殻は、地球の質量の1パーセントにも満たない。私たちが日常的に観測したり採取できたりするのは、この層だけだ。しかし、それによってさまざまな知識を得ることができる。大陸性地殻は、石英（SiO_2）のほか、ナトリウムやカリウムを豊富に含む長石などでできている。代表的なのは、ニューハンプシャー州のホワイト山地やシエラネバダ山脈に見られる花崗岩（かこうがん）だ。ヨセミテ国立公園にも切り立った花崗岩の岩壁がある。海洋性地殻はそれとは異なり、ハワイの火山から噴出するような玄武岩でできている。カルシウムやナトリウムが豊富な長石が含まれるが、石英は含まれない。大陸性地殻は、海洋性地殻に比べて厚く、密度が低い。そのため、冷たい飲みものに入れた氷が浮かぶように、大陸性地殻は海洋性地殻の上に浮き上がる。玄武岩の地殻が主に海底で見られるのは、地表の水が低い地形に集まるからだ。

ジルコン——太古の時計

なぜ地球にこのような層構造が生まれたのだろうか。考えられる過程の一つは、地球ができたときに順々に異なる物質が集まってきたため、このような同心球状の層構造になったことだ。しかし、この考え方は多くの物理法則や化学的観測と矛盾する。通説になっているのは、生まれたての地球が大きくなるにつれて、衝突や放射性同位体の崩壊で発生する熱によって、地球自体が溶けたというものだ。

鉄をはじめとする重い元素は中心に向かって沈み、ケイ酸マグネシウムや鉄、アルミニウム、カルシウム、ナトリウム、カリウム、シリカなどが組み合わさって外層を形成する。そして核とマントルによる同心球構造ができ、その後すぐに地殻による表層ができた。
では、地殻はどのように形成されたのか。この疑問に答えるには、以前に述べた文「物質が溶けたり結晶化したりする温度は、その物質によって異なる」に戻る必要がある。地球ができてから数百万年後に、熱いマントル内で生成された溶けた物質が地表に向かって上昇し、地球一面に広がった。これは「マグマの海」と呼ばれている。ハワイでもっとも活発なキラウエア火山から流れだしたばかりの溶岩を見たことがあるなら、それを想像してみるといい。でこぼこの黒い地表、明るいオレンジ色に光る亀裂や溶岩流、そして猛烈な蒸気に包まれた世界だ。

熱が大気中に逃げると、マグマの海はすぐに冷え、主に玄武岩でできた原始地殻ができる。この地殻が厚くなり、底の部分が溶けはじめると、シリカを多く含む花崗岩に似た岩石ができはじめる。これが、初めて生まれた大陸性地殻だ。この初期の地殻が進化する様子は、ジルコンと呼ばれる微細な粒状の鉱物に記録されている。ジルコンという鉱物（ケイ酸ジルコニウム、$ZrSiO_4$）はマグマに由来し、シリカを多く含む火成岩が結晶化してできたものだ。ジルコンには注目すべき特性があるため、地質学者にもてはやされている。ジルコンが結晶化するとき、その構造に微量のウランが取り込まれる。鉛のイオンは大きすぎるため、結晶に取り込まれることはない。なぜこれが重要かと言うと、一部のウランイオンは放射性物質であるからだ。ウラン２３５とウラン２３８は崩壊してそれぞれ鉛２０７と鉛２０６になり、その速度は実験室で測定できる。ウラン２３８の半減期は44億７０００万年なので、この時間を考慮すると、サンプル内のウラン２３８の半分は崩壊して鉛２０６になったと考えられる。同様に、ウラン２３５の半減期は７億１０００万年だ。ジルコンができたとき、そこに鉛は一切入っていなかったので、見つかった鉛はウランの放射性崩壊によるものだ。つまり、ジルコン中のウランと鉛を慎重に測定することで、地球の詳細な歴史を測定できる最高の時計が得られることになる。

ジルコンから地質学的な時間がわかるとしても、40億年以上前の岩石が見つからないのであれば、どうやってジルコンから地球最初期の歴史を読み解けばいいのだろうか。それに答えるには、ビーチに向かわなければならない。私の家族のお気に入りのビーチは、マサチューセッツ州のノースショアだ。そこで城を作るために必要な砂は、はるか昔の山地が浸食されてできたものだ。そのような山地のなごりが、ニューハンプシャー州のホワイト山地やニューイングランド地方の背骨となっている山々で、そこで見られる花崗岩は、４億年前の造山運動でできたものだ。この年代がわかったのは、花崗岩にジルコンが含まれており、そこから形成年代を特定できたからだ。時間とともに、山に含まれるジルコンの一部が浸食され、川を流れて海岸にたどり着き、(今のところは) マサチューセッツ州のビーチの砂粒になっている。ビーチが存在するのは今だが、それを作りあげている砂粒ははるかに古く、4億年前のジルコンなどが含まれている。

つまり、ジルコンを手がかりに、地球の暗黒時代に光を当てることができる。オーストラリア西部に、ジャック・ヒルズ層と呼ばれるオレンジ色の風化した岩石が露出している場所がある。30億年ほど前に川が運んできた砂岩や土砂が堆積したものだ。ここまで古い堆積岩はほとんど見つかっていないので、この年代だけでも十分興味に値するが、この大昔の砂岩に含まれる粒子を詳しく調べてみたところ、ジャック・ヒルズがどれほど貴重なものかが明らかになった。粒子にジルコンが含まれており、そのうち5パーセントほどが40億年以上前に作られたものだった。もっとも古い時計は、43億8000万年前を指していた。地球の誕生時にかなり近い。最近、南アフリカとインドでも、同じような発見があった。

こういった古い鉱物から何がわかったのか。第一には、すべての火成岩でジルコンが作られるわけではないことだ。ほとんどのジルコンは、シリカを多く含む地殻で生成され、その組成は花崗岩に向かう化学的な道のりに沿っている。つまり、ジルコンが示しているのは、地球が生まれたばかりのころに地殻の分化が始まったことだ。ジルコン中の酸素の化学的性質も、43億8000万年前にすでに液体の水が存在していたことを示唆している。地球に海が生まれたのも、地球ができたのと同じくらい昔ということになる。また、古いジルコンの中には、他の鉱物がわずかに含まれており、そこから40億年以上前の地球内部の特性を推測できる。おそらく、もっとも興味深く、もっとも物議を醸しそうなのは、41億年前のジルコンに微量のグラファイト（石墨や黒鉛とも呼ばれる）が混じっていたことだ。グラファイトは純粋な炭素でできている。これは生命の痕跡の断片なのだろうか。この点については第3章で詳しく考えるとして、ここでは、徐々に明らかになりつつある若い地球の姿にもう少し注目してみよう。

水と大気はどこからきたのか

ここまでで、地球の全体の組成は説明できた。しかし、生命にとってもっとも重要なもの、つまり海の水と大気はどのように生まれたのだろうか。

地球の空気と水は主に彗星からやってきたもので、それによって形成された薄い層が地球誕生の最終段階となった、という長年の仮説がある。彗星はよく「汚い雪の塊」と形容される。その彗星は、太陽系初期の外縁部からやってきた。主に氷でできており、わずかに岩石質が含まれる。しかし最近になって彗星の化学的性質がわかってきたことで、それまでの彗星起源説に疑問が投げかけられている。その謎を解く手がかりは、水素の同位体から得られた。地球上にある水などの水素を含む物質では、水素と重水素（すでに述べたように、1つの陽子と1つの電子に加えて1つの中性子がある水素の同位体）の比率をかなり細かく測定できる。つまり、地球の水の起源となったものは、水素と重水素の比率が同じであるはずだ。残念ながら、彗星はこの基準に一致しなかった。彗星固有の水素の化学的特性から判断すれば、彗星に由来する地球の水は全体の10パーセント未満しかない。

それ以外の水や大気、そして私たちの体を作る炭素は、地球全体を作りだした隕石に含まれていた。主に、地球が形成される過程の終盤近くにやってきたと思われるある種のコンドライト隕石だ。特に注目すべきは、炭素質コンドライトと呼ばれるコンドライトの一種だ。質量比で3パーセントから11パーセントの水を含むが、そのほとんどは粘土などの鉱物と化学的に結合している。また、約2パーセントが、タンパク質などに含まれるアミノ酸などの有機物（炭素と水素が結合した分子）だ。水と炭素の原料となったのは、このコンドライト隕石だった。彗星と違い、水素同位体の比率も一致した。私たちが故郷と呼ぶ岩石、水、空気のほとんどは、さまざまな種類のコンドライト隕石からできたようだ。

初期の地球では、熱によって内部の水蒸気、窒素ガス、二酸化酸素が追いだされ、熱く密度の高い大気になった。現在の大気よりも100倍近く密度が高かったのではないかとも考えられる。しかし、地球が冷えてくると、ほとんどの水蒸気は液体の雨になり、海を形成した。同時に、大気中の二酸化炭素が岩や水と反応して石灰岩ができ、堆積岩として蓄積されて、地表に返っていった。このころの地球は、今のハワイのように、雲に覆われた火山が海から顔を出していたのではないだろうか。あるいは、まるで異星のような景色だったかもしれない。放射線による化学反応で生まれた小さな有機化合物のため、初期の濃密な大気はオレンジがかっていたと考える科学者もいる。

これで大気が完成したわけではなかった。マントルにはまだ海水よりも多くの水が含まれている。また、水の移動はマントルから地表へという一方通行でもなかった。若い地球の熱いマントルは、今よりも水分が少なかったと考える妥当な理由がある。つまり、初期の海は今の海よりも大きかったかもしれない。明らかなのは、この初期の大気には酸素が含まれていなかったことだ。詳しくは第4章で触れるが、私たちを支える酸素ができたのはもっと後のことだ。しかも、酸素は純粋に物理的な過程によってではなく、生物的な過程によって生成された。

地球が冷えると、そこに特徴が現れはじめ、大型隕石の影響は徐々に減っていった。隕石は今も地球に衝突しつづけている。1992年には、ニューヨーク州ピークスキルという町の自動車に小さな隕石が衝突した。アリゾナ州のフラッグスタッフという町の近くにあるメテオ・クレーターでは、5万年ほど前に隕石が衝突してできた直径1・2キロ近い穴を見ることができる。しかし、衝突の頻度と隕石の最大サイズは、時間とともに減少している。地球がまだ若いころには、初期の海を蒸発させるほどの衝突が続いた時期があった。その証拠は、地球ではなく隣の惑星である火星に残されている。火星の南半球の高地には古いクレーターが残っている。中には非常に巨大なクレーターもある。ヘラス平原と呼ばれる衝突跡は、直径約2300キロもある。じつにボストンからニューオーリンズまで（訳注：日本で言えば、青森から鹿児島くらい）の距離に等しい。これほどの衝突エネルギーに比べれば、原子爆弾でさえクラッカーのようなものだ。

厳密にいつごろ衝突が少なくなったのかについては、今も活発な議論が続いている。内太陽系で特に隕石の衝突が多かった39億年前ごろを「後期重爆撃期」と呼ぶが、人類による月探査が始まったばかりのころから、この時期が注目されている。その主な経験的証拠となるのが、宇宙飛行士が月の表面のさまざまな場所から収集したサンプルだ。驚くべきことに、広い場所から収集したサンプルに39億年前ごろの天体衝突の証拠が含まれていた。当初は、隕石の衝突回数が一時的に急上昇したものと考えられていた。土星と木星の軌道がぶつかったことで、外太陽系の物質が大量に押しだされるという説明だった。違う説もある。月に広く残された39億年前の衝突の痕跡は、大量の隕石ではなく、一つの出来事によってできたのではないかという考え方だ。また、長期的に見れば、時間とともに衝突の強さは弱まっているので、単に39億年前にピークがあるように見えるだけだとする説もある。太陽系力学の新しいモデルは、1回の出来事説を支持しているが、もっと早い時期に起きていた可能性があるとしている。現時点では、42億年前から43億年前ごろには、地球の海を干上がらせるほどの衝突は起こらなくなっていたという説が多勢になっている。

地球の誕生には、このような壮大なドラマがある。はるか昔に星の材料が集まり、すべてが溶けた世界から地球の核が分化して形成され、海と大気が生まれた。こういった出来事は、1億年程度の時間の中で起きたものだ。44億年前には、水と薄い大気に覆われた岩石惑星としての地球ができあがっていた。小さな大陸もできはじめていたが、まだほとんどは海の底だっただろう。若い地球は、今のインドネシア全体のような場所だったのではないだろうか。連なる火山が海から顔を出しているが、大陸のような広い陸地は限られている。このころの地球は濃い大気に覆われていたが、そこに酸素はなかった。この原始地球にタイムトラベルしたとしても、人間は長くは生きられない。見たことがあるような地形もあるだろうが、まだ私たちの地球ではない。広い大陸、呼吸できる空気、そして生命にあふれたおなじみの地球になるのは、まだこれからだ。

元素・同位体・化合物

元素は化合物の基礎単位だ。その元素の特性は、元素が持つ陽子と電子の数によって決まる。たとえば、炭素には6つの陽子と6つの電子があるので、特徴的なパターンで別の元素と結びつくことができる。それとは違い、酸素には8つの陽子と8つの電子がある。元素が化学的にどのように結合するか、そして自然界にどのように散らばっているかを決めているのは、既知の118の元素の陽子と電子だ。それを体系的にまとめたのが、世界中の教室に堂々と掲げられている元素の周期表だ。

6つの陽子と6つの電子があるという点はすべての炭素原子に共通するが、中性子の数は異なることがある。ほとんどの炭素原子（約99パーセント）は炭素12だ。これは、この炭素に6つの中性子と6つの陽子が含まれており、原子量が12であることを表している（水素原子の原子量が1として定義されている）。しかし、残り1パーセントほどの炭素原子には、1つ余分に中性子があるため、原子量は13になる。また、炭素原子の1兆個に数個ほどは8つの中性子を持つため、原子量は14だ。炭素14のことは知っている人もいるだろう。これは独特な性質を持っているため、とても役に立つ。すなわち、炭素14は放射性物質だ。放射性同位体は不安定で、時間とともに崩壊して安定した元素になる。炭素14なら、やがて窒素14に変わる。実験室では、この崩壊が起こる速度を測定できる。試料内の炭素14の半分が窒素になるには、5730年が必要だ（これを半減期と呼ぶ）。このような特性のため、炭素14は考古学調査での年代特定に重宝されている。ただし、何万年も経過すると、厳密に測定できるだけの炭素14はなくなってしまう。そのため、地球の長い歴史を調べる場合は、ウランなどの別の同位体を探さなければならない。

元素の種類は陽子と電子の数によって決まる。その元素でどのような種類の化学反応が起きるかも同様だ。ただし、その反応の速さには同位体の原子量の違いが影響する。地球の歴史を分析するときに活用できる元素の放射性同位体は、たくさんある。これから見ていくように、地球や生命の歴史を探るうえで、このような同位体の特徴は欠かせないものになっている。

2

物質と地球

地球はどのように形成されたのか

ヴェーゲナーの大陸移動説

コロラド州ボルダーの西に広がるフラティロン山。空にかみつかんばかりの巨大な歯のような山々が目立つのは、東側にゆるやかな起伏の平原が広がっているからだ。地球には、ありとあらゆる壮大な造形がある。ロッキーやアルプスには山々が連なり、プレーリーやステップ、沿岸部には果てしない平原が広がる。大陸もあれば、白熱した首飾りのように並ぶ火山島が大洋から顔を出すこともある。日常的に地震の脅威にさらされている場所もあれば、ほとんど地震が起きない場所もある。では、地球の地形はどのようにしてできたのだろうか。そして、そこから地球内部の仕組みについてどんなことがわかるのだろうか。

著名な作家であるジョン・マクフィーは、地球の複雑な仕組みに迫る自らの冒険を総じて、「それを一つの文にしなければならないなら、私はこの文を選ぶだろう。エベレストの山頂は海洋性石灰岩だ」と書いている。貝の化石がある標高8000メートル以上のエベレスト。もともとは平らだったが、今はほぼ垂直に切り立っているフラティロン山。日本の本州の田園地帯にそびえる雄大な富士山。こういった地形を目にすれば、地表は変化すると考えざるをえない。地勢や地形、気象は常にダイナミックな変化をつづけている。この見方は今でこそ一般的だが、そこに至る長い道のりがあった。

何千年もの間、私たちの祖先は地球の物理的特徴を永久的なものだと考えていた。それは変わることのない障壁であり、移動路であり、資源であり、信仰の対象であり、生活を束縛するものだった。地球は変化しないという考え方に亀裂が入りはじめたのは、17世紀のことだ。メディチ家の宮廷医師だったニコラス・ステーノは、「舌石」(トスカーナの丘陵地帯に見られる舌の形をした風化した石)がかつて生きていたサメの歯だと考えた。死んだサメが腐敗し、その歯が海底の堆積物に埋もれたと考えたのだ。サメの歯がフィレンツェの丘で見つかったとするなら、昔の海面は今よりも高かったか、かつて海底だった場所が持ちあがって丘になったか、どちらかということになる。

変化する地球という地質学的な考え方が活発になったのは、それから1世紀以上が経ってからだ。それは近代地質学の父と言われるジェームズ・ハットンの著作によって広まった。18世紀後半の自然科学者たちと同じく、ハットンもスコットランドのエディンバラにあった自宅近くの丘を歩きながら、環境に応じて植生が細かく変わることに気づいた。同じように、近くのフォース湾の中でも、海藻やイソギンチャクはその場所にうまく適応しているように見えた。しかし、ハットンが気づいたのはそれだけではなかった。丘はゆっくりとだが確実に浸食されていること。そしてその浸食によってできた砂や泥が徐々に湾を埋めていることだ。

ハットンにとって、これは難問だった。環境が徐々に崩壊するなら、なぜそこに多様な種が生息し、環境に適応し、長期にわたって繁栄しているのだろうか。ハットンが導きだした答えはシンプルで美しい。時間とともに、すべての山は浸食されて消えるが、隆起によって新しい山が生まれるというものだ（ハットンは熱が原因で隆起すると考えた）。同じように、湾もやがて埋もれてしまうだろうが、地球内部の運動によって新たな湾が作られつづける。地球環境の不変性が保たれているのは、地球が変化しつづけ、隆起と浸食のバランスが保たれているからだと考えた。

地質学者に聖地があるとすれば、それはシッカーポイントという場所だろう。シッカーポイントは、エディンバラの東にある岩だらけの岬だ。そこには、浸食された古い岩の地層が横倒しになって縦縞のようになり、その上に砂岩の層が水平に重なっている場所がある（図4）。縦縞の部分は、大昔の海底に一層ずつ水平に堆積したものだ。その後、地質学的な力によって上に突きあげられ、傾斜して今の角度になった。さらにその後、浸食で縦縞の地層の上部が平らになり、古代の氾濫原を流れる川によって運ばれた堆積物がたまっていった。

現在、この地層は北海の海岸にあって、ゆっくりと浸食されている。１７８８年に船でそのそばを訪れたハットンは、丘陵で気づいた地球のダイナミックな変化がここでも起きてい

図4：スコットランドのシッカーポイント。ジェームズ・ハットンは、この場所で地球が長い時間をかけて変化していることに気づいた。

出典：Andrew H. Knoll

ることを認識し、シッカーポイントで見られるような変化はとても長い時間をかけて起きたと考えた。後年、ハットンの友人だったジョン・プレイフェアは「無限とも言える時をさかのぼって考えると、めまいすら感じる」と振り返っている。

ハットンにはシッカーポイントの岩石がどれほど古いものかを知る術はなかったが、今ならわかる。縦縞の地層はシルル紀の4億4000万年から4億3000万年前に堆積したもので、その上の砂岩層はそれから6000万年ほどが経過したデボン紀のものだ。

19世紀と20世紀初頭の地質学で作られた地図からは、ハットンが述べた隆起と浸食のサイクルが明らかに見てとれる。しかし、アルプスなどの断層や褶曲（しゅうきょく）を細かく調べると、垂直方向の力だけでは説明できないことがわかった。すなわち、岩石は横方向にも動いている。地球の活発な表面活動と、それによって生みだされる地形が今のように理解されはじめたのは、20世紀初めごろのことだった。

そのきっかけとなったのが、アルフレート・ヴェーゲナーというドイツの気象学者による本だ。多くの若者と同じように、雨の日に夢中になって地球儀を見ていたヴェーゲナーは、もし大西洋がなくなれば、ブラジルの東岸がアフリカの西岸に、北米の東海岸がサハラの西の海岸にぴったりはまることに気づいた。ひょっとすると、大陸はある場所に固定されているのではなく、地表を移動し、ときに衝突して山脈を作りだしているのではないだろうか。

今は海の底になっている場所も、かつては大陸の一部だったのかもしれない。

1915年、ヴェーゲナーはその説をまとめた『大陸と海洋の起源』を出版した。この仮説は強烈な反響を呼んだ。後に「固定主義者」と呼ばれることになる北米やヨーロッパの著名な地球科学者たちは、ヴェーゲナーの仮説に猛反対した。大陸が海を超えて動く仕組みなど、とても考えつかなかったからだ。

一方、賛同したのは、南半球の地質学者たちだった。彼らは、ヴェーゲナーが指摘した大陸の海岸線の一致に加え、大西洋両岸の地質学的特徴が類似していることも認識していた。化石もその一つだ。たとえば、2億9000万年前から2億5200万年前ごろのグロッソプテリスという葉の化石は、南アフリカ、南米、インド、オーストラリアで見つかっており、のちに南極でも見つかることになる。

海底山脈の発見

大陸が移動するメカニズムを説き明かすために注目されたのは、海だった。人類の歴史のほとんどにおいて、深海の海底は未知の世界だった。船乗りたちは海を渡っていたが、海の下に何があるのかを知る者はいなかった。この状況が、第二次世界大戦で変わりはじめた。

敵の潜水艦を見つけるソナーによって、深海に多くの山脈や海溝があることがわかった。1950年代になると、ブルース・ヘーゼンとマリー・サープというアメリカの科学者たちによって、大西洋中央海嶺が発見された。それは北はアイスランド（実際には海嶺の一部）から、南は南極半島の先端まで、大西洋の海底を二分する長大な海底山脈だった。同じような地形が太平洋、インド洋、南極海でも見つかった。それがはっきりとわかるのが、ヘーゼンとサープが作成した海の水を抜いた世界地図だ（図5）。これがゲームチェンジャーとなり、海底の新たな知識によって、地球についての考え方が転換することになった。

プリンストン大学の地質学者だったハリー・ヘスは、戦時中に海底に関する新たな知識の土台となる観測を行った人物だ。そのヘスが1962年に立てたのが、海嶺が地球の仕組みにとって重要かつ特殊な役割を果たしているという説だ。すなわち、海洋性地殻は海嶺から生まれ、その両側の大陸はゆっくりとではあるが確実に引き離されている。この「海洋底拡大説」は、1年も待たずに、フレデリック・ヴァインとドラモンド・マシューズというイギリスの地質学者によって確認された。その際に鍵になったのが磁気だ。磁気の影響を受けやすい鉱物（代表的なのは、鉄の酸化物である磁鉄鉱）は、結晶化するときに地球の磁場の方向に沿って並ぶため、形成された時間と場所の磁場の向きが記録される。まだ理由は明らかになっていないが、地球の磁場は数十万年ごとに180度反転している。ヴァインとマシュ

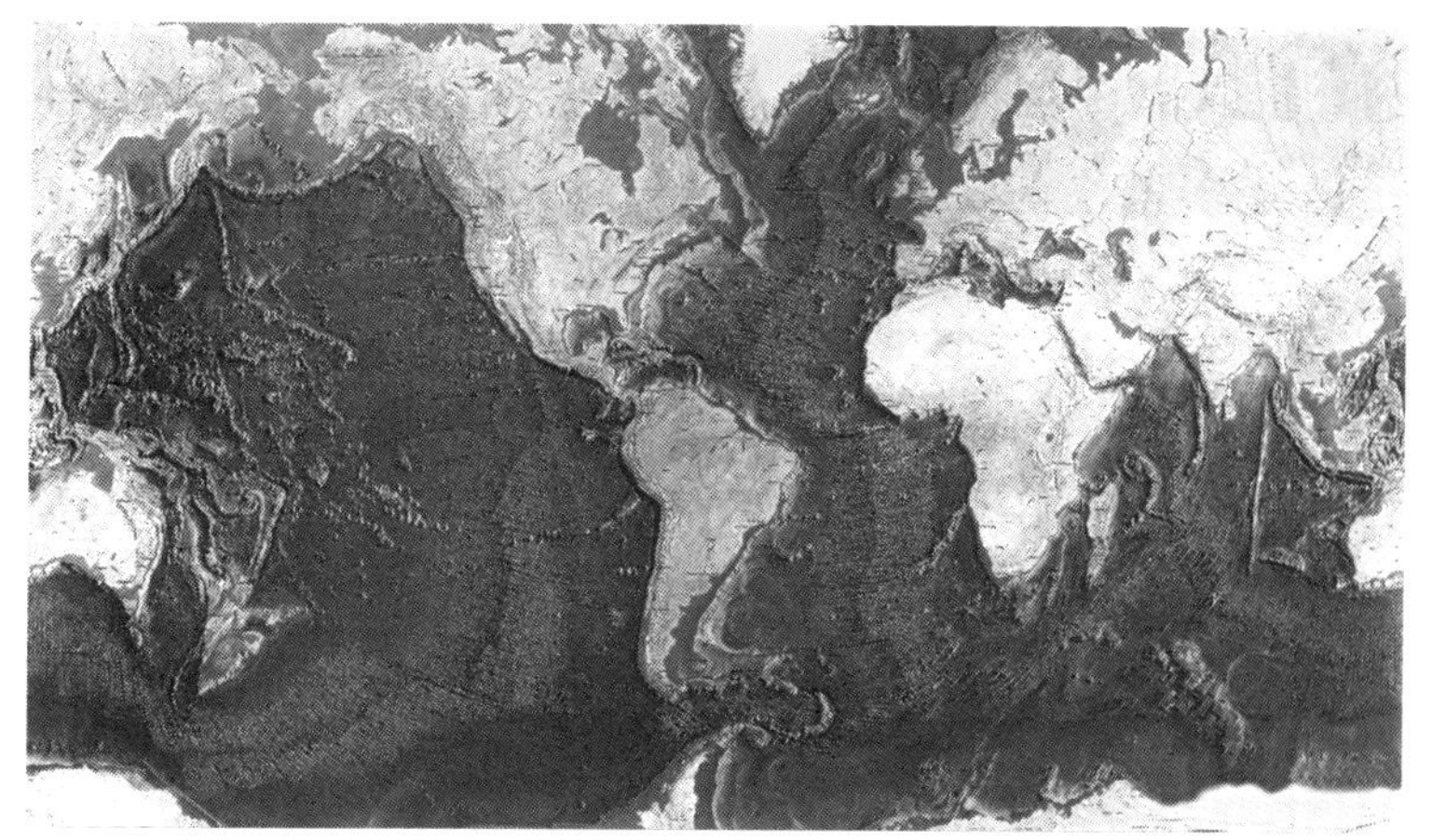

図5：1977年にブルース・ヘーゼンとマリー・サープが作成した画期的な地図。深海の海底から長く連なる山々が生まれ、その周囲にギザギザした断層ができている。
出典：World Ocean Floor Panorama, Bruce C. Heezen and Marie Tharp, 1977. Copyright by Marie Tharp 1977/2003. Reproduced by permission of Marie Tharp Maps LLC and Lamont-Doherty Earth Observatory.

ーズは、大西洋の海洋性地殻の磁気構造を分析し、数百万年の間に何回か磁場が反転したことによってできた平行な縞模様があることを発見した。この縞模様は、中央海嶺をはさんで対称形になっていた。また、放射性同位体で地殻の年代を測定すると、若い岩ほど海嶺に近い場所にあり、ヨーロッパや北米に向かって海嶺を離れるにつれて、縞ごとに古くなっていることがわかった。ヘスの説は正しかったということだ。海嶺から新しい海洋性地殻が生まれ、私の家があるボストンからロンドンにあるお気に入りのパブまでの距離は、毎年約2・5センチずつ遠くなっている。これは人間の尺度から見れば無視できるくらいゆっくりとしたスピードなので、当然私の旅に影響が出ることはないだろう。しかし、この1億年の間に、大西洋は約2500キロも広がっている。大陸移動説の疑問は海洋底拡大説によって解決され、プレートテクトニクスと呼ばれる新たなパラダイムが形になりはじめた。

古くなった地殻はどこで処分されるのか

地球は大きくなりつづけているわけではないので、海嶺で新しく生まれ、やがて古くなった地殻を処分する場所がどこかにあるはずだ。この地殻の墓場は、「沈み込み帯」と呼ばれる。大まかに言えば、ある構造プレートが別のプレートの下に沈み込み、マントルから生まれた地殻の岩石がマントルに戻るという一方通行の流れだ。大西洋はゆっくりと確実に広がっているが、太平洋は沈み込み帯に囲まれている。ちょうどその部分には、アリューシャン列島からインドネシアまで、火山や地震源が線状に並んでいる。実際には、地殻の塊が沈むことで、海洋性地殻が引っ張られている。海嶺で新しい地殻ができるのは、下から押しあげられるからではなく、横に引っ張られた結果だ。地殻が熱いマントルの中に沈み込むと、溶けた物質が地表近くに上がってきて火山になる。地殻が沈み込むとき、摩擦によって引っかかることがある。さらに沈む力が働きつづけると、力がたまり、やがて摩擦の限界を超える。その反動が地震だ。ロサンゼルスや東京では、小さな地震が頻繁に起きている。これは、地殻と地殻の摩擦が解消されているということなので、安心できるということだ。心配すべきなのは、小さな地震が起きなくなったときだ。

地表は入り組んだプレートに覆われている。これは「岩石圏」と呼ばれ、地表とそのすぐ下にある硬いマントルでできている（図6）。プレートの約半分には大陸があり、プレートはその大陸を乗せた状態で生まれたり沈み込んだりするため、大陸が分裂したり衝突したりすることになる。それ以外のプレートには、海洋性地殻しか含まれていない。海洋性地殻が大陸の下に沈み込む部分では、山脈ができる。南米のアンデス山脈が好例だ。また、大陸同士が衝突する場所にも山脈ができる。インド半島がアジアに沈み込む場所にあるのが、雄大

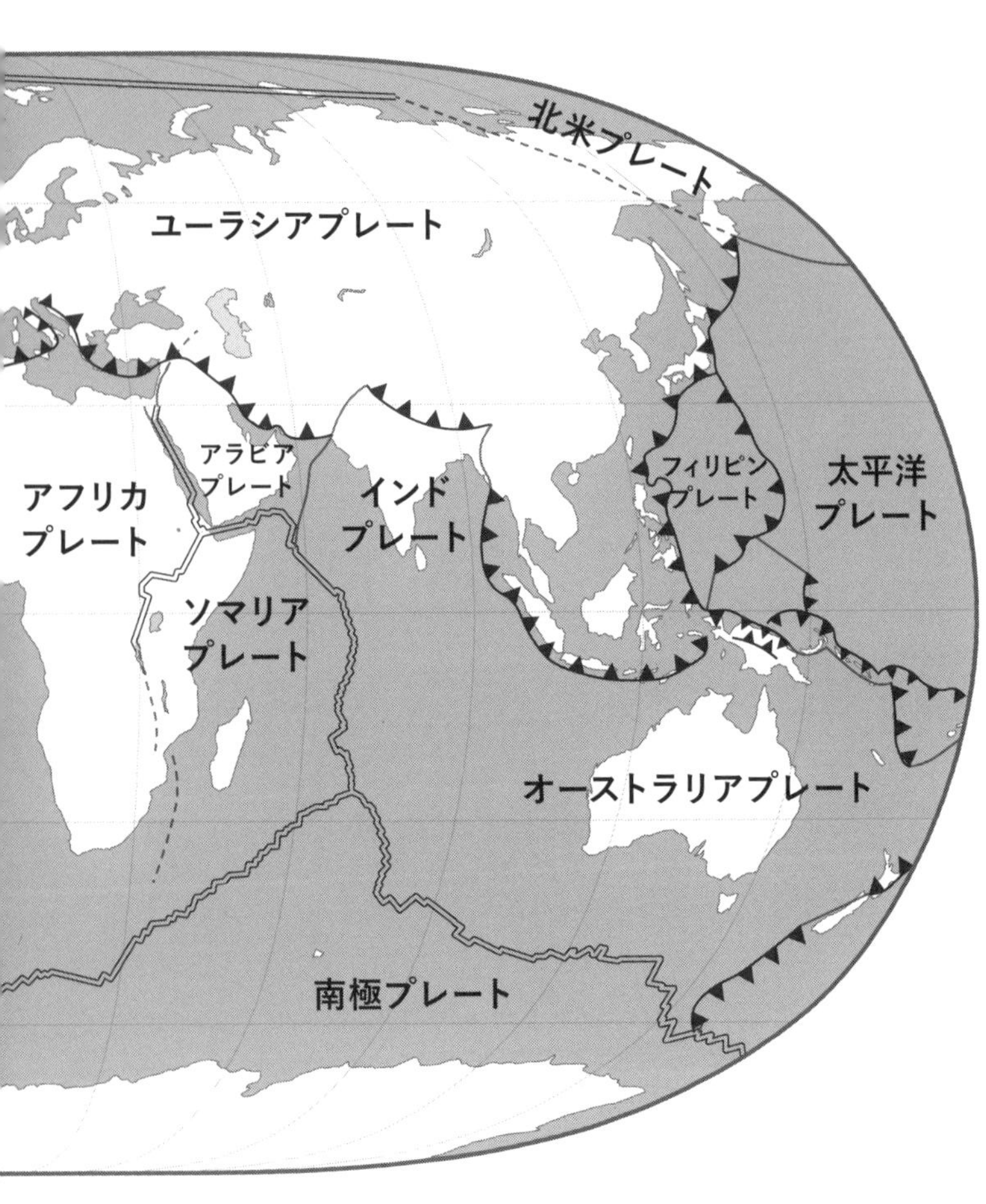
北米プレート
ユーラシアプレート
アラビア
プレート
アフリカ
プレート
インド
プレート
フィリピン
プレート
太平洋
プレート
ソマリア
プレート
オーストラリアプレート
南極プレート

収束型境界
すれ違い境界
発散型境界
不明な境界

図6：地表を覆う入り組んだプレート。プレートが引っ張られることで、海嶺系（二重線）に沿って海洋性地殻が新しく形成され、大陸が移動する。トランスフォーム断層（一重線）ではプレートのすれ違いが起きるが、収束型境界（三角つきの線）ではプレートが衝突して片方がもう片方の下に沈み込む。火山活動、地震、活発な造山活動は、この収束型境界に沿った地域に集中している。

出典：Nick Springer/Springer Cartographics, LLC

なヒマラヤ山脈だ。それよりも規模が小さいアパラチア山脈は、現在の沈み込み帯からかなり離れた場所にあるが、3億年前に古代の大陸が衝突した証拠だ。同じように、ロシアを縦断し、ヨーロッパとアジアを分けているウラル山脈も、はるか昔に起きた大陸衝突のなごりだ。

新しい地殻を生んだり、古い地殻が沈み込んだりすることなく、2つのプレートがすれちがう場所もある。もっとも有名な例は、サンフランシスコの北からメキシコにかけてカリフォルニア州を縦断するサンアンドレアス断層だろう。この一帯では、東の北米プレートと西の太平洋プレートとの摩擦により、頻繁に地震が起きる。科学で地震を止めることはできないが、膨大な計算によって地震を予知する試みが行われている。

ダン・マッケンジーらイギリスの地球物理学者の研究を通して、地表のプレートの運動は地球内部の活発な動きを反映したものであることがわかっている。第1章では、マントルの対流について、底から熱い物質が上昇し、冷たい物質が核に向かって下降すると述べた。つまり、熱い（そのため浮力が大きい）マントルが地表に向かって上昇する場所に海嶺が形成され、マントルが沈む場所には沈み込み帯が形成される。地図や旅行で目にする山や海は、地球の奥深くで活動が起きているプロセスを示すものだ（図7）。

ただし、プレートテクトニクスですべてを説明できるわけではない。たとえば、1811

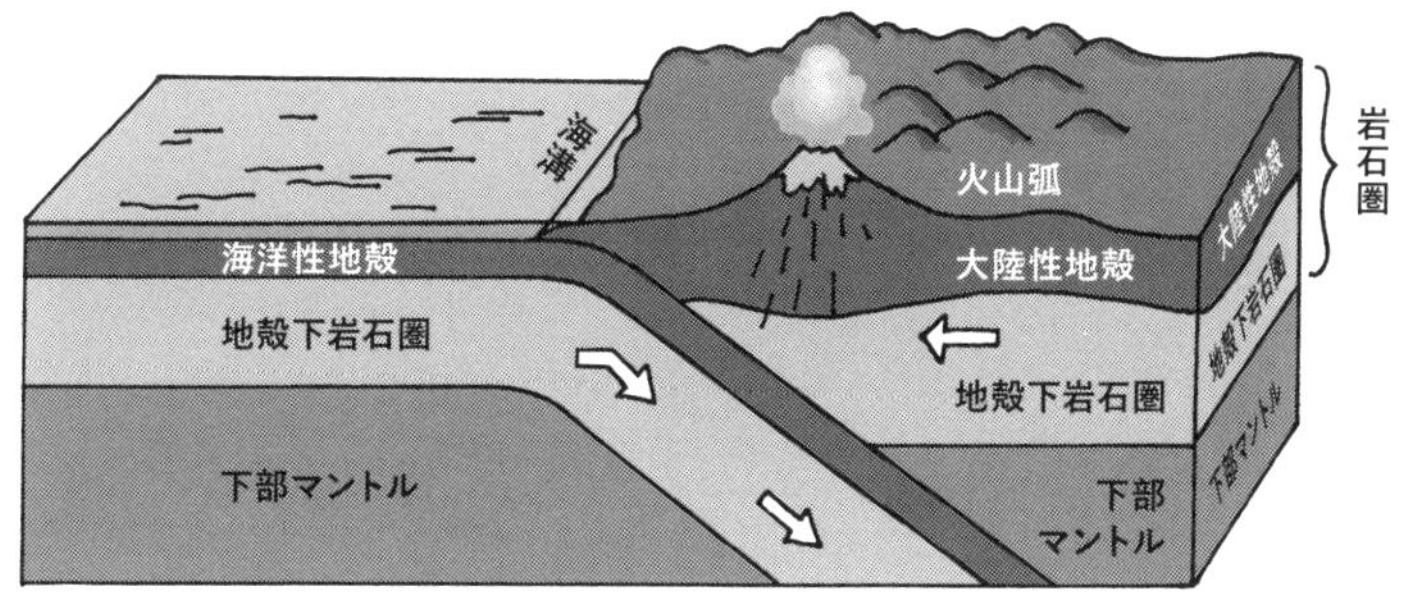

図7：山脈は、大陸が衝突した場所（アパラチア山脈など）や、この図に示す海の地殻が大陸性地殻の下に沈み込む場所（アンデス山脈など）で形成される。どちらもマントルの対流によるものだ。海溝は深海の海底にある線状の谷で、プレートの収束型境界を示すものだ。

出典：U.S. Geological Survey

年にミズーリ州で起きた史上最大規模の地震の原理は説明できない。とはいえ、プレートテクトニクスは地球の活発な運動を十分に説明できている。海盆が生まれて消滅し、山ができてやがて浸食され、地震によって常に生活が乱されるのは、そのような地球の運動のためだ。では、この運動は昔から続いていたものなのだろうか。

かつて大地は一つの巨大な塊だった

地球の構造の歴史を紐解くのは、地質学者にとってシャーロック・ホームズのような挑戦だ。広がりや沈み込みなど、現在起きているプロセスを観測して定量化することはできる。しかし、1000万年前の地球や20億年前の地球がどうなっていたかを推理するには、どうすればいいのだろうか。海洋性地殻には磁気の縞模様が残されているので、いわばそれを巻き戻すことで、1億8000万年前くらいまでは知ることができる。1000万年前の大陸の位置を知りたければ、その時代以降の海洋性地殻を見つけ、それを（仮想的に）取り除いて、その溝を埋めてみればいい。宇宙から見下ろすなら、当時の世界は現在とそう大きくは違わない。大西洋が少し狭く、アルプスやコーカサスの山脈が今ほど目立ってはいなかったくらいだ。

5000万年前の大西洋はさらに狭かったが、この時代の地球を見下ろせば、見慣れない地形があることに気づくはずだ。インド半島はアジアと一つではなく、アジアの南にあって海に囲まれていた。オーストラリアは南極から別れはじめたところだ。極地に氷床はなく、海面が高かったので、ユーラシアの一部や米国東部などは海の底だった。

1億年前になると、さらに見慣れぬ世界を目にすることになる。ロッキー山脈はできはじめているが、アルプス山脈やヒマラヤ山脈は存在しない。北米中部とユーラシア南部はほとんどが浅い海の底で、大西洋は帯状の細い海でしかなかった。オーストラリアと南極は一つで、インド半島はアフリカと南極との間に収まりつつある。

このあたりまでくると、大まかなパターンが見えてくる。時間を巻き戻せば、現在は分散している大陸が一つの巨大な陸塊にまとまっていく。1億8000万年前ごろの地球は、少なくとも地図で見るなら、現在の地球とはまったく異なっていた（図8）。南半球の大陸はすべて、ゴンドワナと呼ばれる一つの大陸だった（グロッソプテリスの葉の化石が伝えているのはこのことだ）。ゴンドワナ大陸の一方は北米やユーラシアとつながっており、一つの超大陸パンゲアを形成していた。パンゲアに深く切り込むような形で、今は跡形もないテテュス海が広がっていた。実際には、対流するマントルの力によって、1億7500万年前ごろパンゲア超大陸が分裂を始めた。新しい海洋性地殻が大陸を分散させ、新しい海、とりわけ大西洋を作った。太平洋の海底にある地殻は西に移動する北米および南米大陸の下に沈み込み、ロッキー山脈やアンデス山脈ができた。ゴンドワナ大陸から分かれた陸地は北に移動し、その場所に南極海ができて、テテュス海はなくなった。やがてその陸地はユーラシアと衝突し、ピレネー山脈からヒマラヤ山脈東部に至る山々の骨格を形成した。この物語は今も続いている。オーストラリアはアジアに向かって北に動いており、ニューギニアの壮大な山々を作りだしている。中には標高4500メートルに達する山もある。

海底に残された記録からわかるのは、このあたりまでだ。1億8000万年以上前の海洋性地殻のほとんどは、沈み込みによって破壊されてしまっているからだ。しかし、地質学の示唆によれば、プレートテクトニクスはそれよりもはるかに昔から続いている。大陸は海底よりも沈み込みにくいため、海底よりもはるかに長い記録が残されている。蓄積された堆積岩の大きさや特徴、花崗岩などの火成岩の化学的性質や分散、古い山脈帯の断層や褶曲の特性などから、プレートテクトニクスによる地表の地形の形成は、少なくとも25億年前から起きていたことがわかっている。地球は球体であるため、分裂した超大陸はやがて集まり、分散していた大陸は衝突して合体することになる。この仕組みは、カナダ人地質学者J・ツゾー・ウィルソンにちなんで「ウィルソン・サイクル」と呼ばれている。ウィルソンは、超大陸が分裂し、分散したのちに集まってくるというパターンが繰り返されていることを初めて

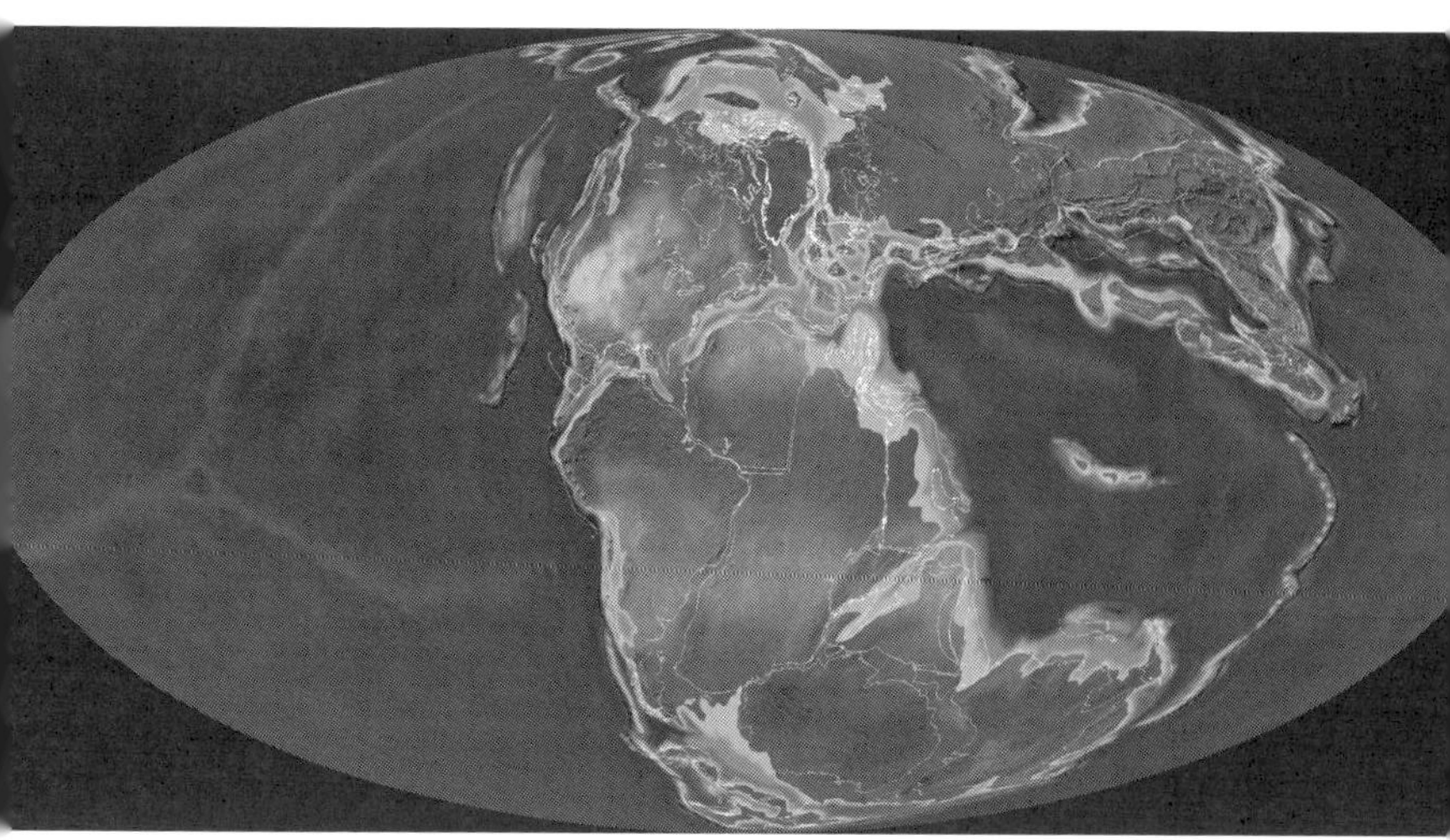

図8：1億8000万年前ごろの地表を再現した図。大陸の大部分は、まだまとまった状態になっている。大西洋はまだできたばかりだ。一方のテテュス海（アジアの南、ゴンドワナ大陸の北にある大きな海）は、アフリカ、インド、オーストラリアが分離して北に移動するため、やがて消滅する。これらの大陸はやがてヨーロッパやアジアと衝突し、アルプスからヒマラヤ、さらにニューギニアまでつながる長い山々が生まれることになる。

出典：2016 Colorado Plateau Geosystems, Inc.

認識した。この25億年間で、パンゲアと同じように5つの超大陸ができては消えていったことがわかっている。アパラチア山脈、スカンジナビアのカレドニア造山帯、ウラル山脈は、いずれも古大陸同士の衝突の痕跡だ。アフリカと南米のパンアフリカン褶曲帯には、さらに昔の超大陸の衝突の痕跡が記録されている。

新たに見つかったパズルのピース

私の机の上には、自慢の逸品が置かれている。クリス・スコティーズ（当時は大学院生で、現在は地形変動の世界的権威）が１９７９年に制作した古いパラパラ漫画だ。各ページには、ある年代の大陸の位置が描かれており、それをパラパラとめくると、昔のストップモーション映画のように、陸塊が動いて見える。数秒ごとに「ドーン」とか「バリバリ」とか「ミシミシ」という言葉が出てきて、大陸の衝突と分裂を際立たせている。１７８８年、ジェームズ・ハットンは、地質学的な記録からは「はじまりの痕跡も見えなければ、終わりの予兆も見えない」と記した。私がこのパラパラ漫画から感じたのも同じことだ。しかし、第1章で見てきたように、地球ははじまりの痕跡を確かに留めている。では、プレートテクトニクスの動きの痕跡をたどって、そこまで歴史をさかのぼることはできるのだろうか。

それについては、「できるかもしれない」としか言えない。地球の初期の構造を再現することを考える場合、第1章と同じ課題に直面する。30億年前よりも古い岩石はほとんどなく、地球の歴史の最初の10パーセントの記録は一切見つかっていない。地球最古の岩石の形状や化学的性質を探るのは興味深いことだが、そこからは限られた情報しか得られないため、さまざまな憶測のもとで、「滞留蓋」や「サグ・テクトニクス」といった用語が飛び交っている。どちらも、現在のプレートテクトニクスとは違う仕組みを提唱するものだ。ただし、全員の意見が一致している点が一つある。初期の地球は内部の温度が今よりも高かったため、岩石圏は今よりも厚く、もろかったということだ。

地球のマグマの海が冷えて原始の地殻に割れ目ができ、そこにマントルから上昇してきたマグマが入り込んで地殻を両側に押し広げることで、のちのプレートテクトニクスの特徴的な運動が始まったとする仮説もある。地殻の広がりとともに必然的に沈み込みが起こり、沈み込む溶けた物質から最初の花崗岩質の地殻ができたということだ。この見方によれば、プレートテクトニクスは地球の誕生とともに始まったに等しい。もう一つの仮説として、溶けたマグマが噴出して大量の玄武岩になり、底が溶けはじめるほど厚く積もったことで、花崗岩質の岩石ができたとするものがある。しかし、ここで問題が発生する。通説では、花崗岩は海底の玄武岩が沈み込み帯で部分的に溶けてできたとされる。しかし、この仮説によると、初期の花崗岩はプレートの運動がない状態で作られたことになる。古い岩石の他の化学的性質や、地球最古の地形の構造についても、同じような議論がされている。プレートテクトニクスはかなり早い段階で始まっていたと思われる観測結果が多いものの、初期の地球にしか見られないような現象もある。

重要な手がかりは、第1章で説明した古いジルコンから得られる。この結晶に封じ込められている微量元素から、40億年以上前に物質が地表から地中に向かって移動した可能性があることがわかっている。ただし、移動の速度は、その後よりもかなりゆっくりだったようだ。つまり、最初期の地球では、厚い火山性堆積物の底部でジルコンを含むマグマができ、横に動くことも沈み込むこともない「滞留蓋」となったのではないかと解釈されている。そして38億年前から36億年前ごろには、プレート的な動作を伴う沈み込みが始まった。

２０２０年の春、このパズルの新たなピースがもう一つ見つかった。海底の広がり、つまりプレートテクトニクスの仕組みを理解するうえで、数十万年ごとに反転を繰り返す地球の磁場と岩石の磁気が重要になることはすでに述べた。それだけでなく、この磁気の向きを活用すれば、大陸の動きを追うこともできる。たとえば、ある大陸が赤道近くから北緯30度の地点まで動いたとしよう。すると、途中で吐きだされた火山性堆積物に含まれる鉱物の磁気の向きから、その移動経路を突き止めることができる。だとすると、非常に気になることがある。初期の地球で作られた岩石の磁気の向きには、陸塊の平行移動が記録されているのだろうか。調査の結果、確かに残されていることがわかった。アレック・ブレナーとロジャー・フーらは、丹念な分析を重ね、30億年以上前に、現在のオーストラリア北西部にあたる場所にあった古代の地形が縦方向に移動していたことを突き止めた。移動の速さは、現在ボストンがヨーロッパから離れているのと同じくらいだった。

これは、プレートテクトニクスが早い段階から始まっていたことを強力に支持する証拠だ。ただし、初期の地球が現在の地球と同じように動いていたとは限らない。一部の地域だけでプレートテクトニクスが始まり、しばらく滞留蓋と共存していたのかもしれない。初期の地球では、プレートテクトニクスは恒常的な運動ではなく、散発的なものだった可能性もある。だとすれば、対流するマントルが初期のプレートを横に動かし、プレートの縁が沈み込んだことになる。現在プレートを動かしているのは、マントルに沈み込むプレートを引っ張る力だ。だが、初期の地球ではプレートがもろかったため、沈み込みが始まると壊れてしまい、プレートがバラバラになってそこで運動が止まる。初期の花崗岩はそのようにして形成されたが、その量は限られていた。やがてマントルが冷えてくると、岩石圏の強度が上がり、現在のプレートテクトニクスの仕組みが機能しはじめた。

地球ができたばかりのころの構造が明らかになることはないのかもしれない。しかし、30

億年前ごろには、プレートテクトニクスがかなり現在に近い形で地球を形成しはじめていたと考える地質学者が多い。それは地球に多大な影響をもたらした。オーストラリアの地質学者サイモン・ターナーらはこう述べている。「多くの点で、現在の地球と私たちに欠かせない環境を生みだすプロセスは、この沈み込みの始まりとともに始まった」

プレートテクトニクスは、惑星の形成にとって欠かせないものではない。たとえば火星では、昔も今もプレートが運動したという証拠は見られない。金星も同様だ。しかし地球では、早い段階でプレートテクトニクスが起こり、地表の地形を生みだして環境を維持する物理的なプロセスが始まった。その結果、地球は海と大気、山と火山しかない惑星以上の存在、つまり生命を湛える惑星になった。次はこの点に着目することにしよう。

3

生命と地球

地球に広がる生命

火星に生命の痕跡？

2004年初め、火星の表面にあるイーグル・クレーターに火星探査機オポチュニティが降り立った。その夜のことははっきりと覚えている。探査機の科学チームの一員として、このミッションの本拠地であるジェット推進研究所からその様子を見守っていたからだ。オポチュニティが無事着陸したとNASAが発表すると、あちこちで微笑んだり、抱き合ったり、握手したりという光景が広がった。数分後、探査機から送られてきた最初の写真がスクリーンに映しだされると、歓喜は絶頂に達した。オポチュニティが着陸したのは、堆積岩の地層が露出した場所からわずか数メートルのところだった。地球を離れることができない地質学者たちが1世紀以上行ってきたように、この地層の物理的性質や化学的性質から火星の歴史を紐解くことができるようになったのだ。

その後の数週間は、怒濤のような新発見の連続だった。岩石の年代は特定できず、その点は今後も変わらないだろう。古い火山岩がなければ、火星の歴史を紐解くのは簡単ではない。しかし、イーグル・クレーターに露出している地層が形成されたのは、35億年前から30億年前だと考える妥当な理由がある。これは、地球で最古の変成堆積岩ができた年代だ。岩石自体は砂岩で、表面に波紋のような模様が見られるものもあった。波が打ちよせる海岸にできるような模様だ。イーグル・クレーターの岩石のような模様は、流れる水がなければできることはない。また、化学的な分析の結果、イーグル・クレーターの砂岩の材質となる粒子や膠結物（粒子同士を結びつけて固める物質）は、大半が塩でできていることがわかった。ここでの塩は、水と火山岩の反応によってできた鉱物を表す。現在の火星はとても冷たく乾燥しているが、かつては暖かく湿っていた。

着陸の5週間後、NASAは記者会見でこの発見について発表した。NASA本部で行われたこの会見には、一つだけルールがあった。チームの科学者が話すのは水のことで、生命のことではないというものだ。にもかかわらず、イーグル・クレーターの岩石で見つかった水の痕跡について1時間ほど詳しい説明が行われると、ほぼすべての地球の報道機関が競うように火星の生命について報じた。CNNのオンライン記事の見出しには、「火星に生命の可能性」とあった。WIREDのWEBサイトはかなり懐疑的なほうだったが、それでも「火星には生命が存在できる環境があったが、生命はいたのか?」と書かれていた。

この会見の話からよくわかるのは、ティーンエイジャーからノーベル賞受賞者まで、私たちのほとんどが惑星について一番知りたいと思っているのは何かということだ。それは岩石でも、塩でも、風でもない。水自体に興味があるわけでもない。私たちが惑星探査に夢中になるのは、惑星（やその月）で生命が見つかるかもしれないからだ。太陽系の中で、そして今私たちが理解できる宇宙の中で、生命の星といえるのは地球だけだ。私たちは、地球以外に生命が存在する場所を知らない。木星の衛星エウロパや土星の衛星エンケラドスのような冷たい太陽系の辺境に、微生物が存在する可能性がわずかにあるくらいだ。しかし、身近な星に限れば、生命によって環境が変化したのは地球だけだと言い切れる。しかし、なぜ地球なのか。ハンフリー・ボガートの言葉を借りるなら、「世界中の街という街にある酒場の中で」どうしてこの天の川銀河の片隅に生命が誕生し、繁栄するようになったのか。そして、生命はどのようにこの星を作り変えていったのだろうか。

生命はいかにして生まれたか

まずは、私たちが何を理解しようとしているのかを整理するところから始めよう。生命とは何なのか。人間やイヌやカシの木や細菌と、山や谷や火山や鉱物との違いは何なのかということだ。自分たちや子どもたちのことを考えるなら、「成長する」ということが思い浮かぶかもしれない。それは正しいが、石英の結晶も成長する。しかし、生命体は成長するだけでなく、繁殖して時間とともに増えていく。また、生命体は成長や繁殖に必要なエネルギーや物質を環境から取り入れる。生物学の用語では、これを代謝と呼ぶ。そして重要なことは、生命は進化することだ。石英の結晶は、一度作られてしまえばダイヤモンドに進化することはない。しかし、地球で最初に生まれた単純な生命体は、何十億年もかけて驚くほど多様な種に分化した。その中には、自分たちがどうやって生まれたのかを問うほどになったものまである。

だとすれば、生命の特徴は成長、繁殖、代謝、進化であると定義できる。私たちの知る生命をそのように定義したとすれば、最初の生命体はどのような姿をしていたのだろう。もちろん、歯も骨も葉も根もなかっただろう。今生きているもっとも単純な生命体は細菌で、それとわずかにつながりのある祖先が古細菌だ。古細菌は微小な生命体で、成長、繁殖、代謝、進化に必要なものをすべて1つの細胞の中に備えていた。現在のすべての生命体の最後の共通の祖先は、細菌の細胞に近いものだったに違いない。しかし、もっとも単純な細菌でさえ、複雑な分子が組み合わさってできている。それは始まりではなく、それ自体が進化の産物なのだ。

長年、スミソニアン協会の米国国立自然史博物館では、初期の地球に関する展示に、あるビデオを使っていた。テレビ番組「フレンチ・シェフ」で多くのアメリカ人に知られているジュリア・チャイルドが出演するもので、ユーモアにあふれながらも核心に迫る内容になっている。ジュリアは、ブルゴーニュ風牛肉の赤ワイン煮込みの複雑な味付けを説明したのと同じ快活な声で、「原始スープ」のレシピを説明する。これは単純な化学物質を混ぜ合わせたもので、そこから生命が生まれたと考えられている。生命に「レシピ」があると考えるのは確かに単純すぎるかもしれないが、複雑な生命体を生体分子という部品にまで分解して考えるなら、一理あると言えるだろう。

生命体は時間とともに進化してきた化学装置であり、言うなれば化学的作用の歴史だ。そのため、生命の起源を探ろうという実験では、生命のない地球で細胞の材料となる化学成分がどのように生成されたのかという点に注目している。細胞の構造や機能を支えるタンパク質について考えてみよう。私たちの体内にあるタンパク質は大きく複雑だが、アミノ酸というかなり単純な材料が組み合わさってできている。一般的なタンパク質には20種類のアミノ酸が含まれ、それがつながり合って機能する構造になっている。たとえるなら、文字を組み合わせて意味のある単語や文を作るようなものだ。ということは、アミノ酸を合成できれば、タンパク質を構成する要素がそろったことになる。1953年、スタンリー・ミラーとハロルド・ユーリーの2名が、初期の地球でそれが起きた可能性があることを実証した。まず、試験管を二酸化炭素（CO_2）、水蒸気（H_2O）、天然ガスすなわちメタン（CH_4）、アンモニア（NH_3）で満たした。これは、ミラーたちが原始地球の大気に含まれていたと考えた単純な分子を混ぜ合わせたものだ。そして、初期の地球の雷を模して火花を発生させたところ、試験管の内壁が茶色くなりはじめた。この茶色い物質は、アミノ酸を含む有機分子であることがわかった。ミラーとユーリーは、この歴史的な実験によって、自然界のプロセスで生命の重要な構成要素が生成された可能性を示した。

同じような方法でＤＮＡに迫ることができる。ＤＮＡは細胞の取扱説明書であり、進化の記録でもある。とても複雑ではあるが、ヌクレオチドと呼ばれる４つの部品だけでできている。ＤＮＡが複雑なのは、ヌクレオチドが分子に沿って直線的に並ぶパターンがさまざまあるからで、ＤＮＡの情報はそこに蓄えられている。ＤＮＡのヌクレオチドは、タンパク質のアミノ酸と同じように、ＤＮＡの情報が織り込まれたコードのようになっている。ヌクレオチドをさらに分解すると、糖とリン酸イオン（PO_4^{3-}）、そして「基」と呼ばれる単純な有機分子になる。基はシアン化水素（ＨＣＮ）などの単純な化合物から合成できるため、若い地球にも存在していたはずだ。また、ホルムアルデヒド（CH_2O）などの単純な前駆体から糖を生成できることは１世紀以上前からわかっているので、これも古くから地球に存在していたと考えられる。さらに、火山岩の化学的風化によってリン酸イオンもあったはずだ。こういった物質を組み合わせてヌクレオチドを作るという研究は何十年も行われてきた。そして２００９年には、イギリスの科学者ジョン・サザランドらが、生まれたばかりの地球に近いと思われる環境で、2種類のヌクレオチドを生成することに成功した。

もう一つの欠かせない要素が脂質だ。脂質はすべての細胞を覆っている膜の成分となる分子で、タンパク質やDNAと同じように、単純な部品でできている。これは脂肪酸と呼ばれる長い鎖のような分子で、これも生まれたばかりの地球で化学的に生成されていたと考えられている。おもしろいことに、脂肪酸を含む水がたまったり蒸発したりすると、脂肪酸が自然に集まって回転楕円体のような微小構造ができる。この構造には、細菌を覆っている膜と共通する性質が多い。

ということは、生命の主な構成要素、つまり私たちの細胞を作っている分子は、たとえ局所的だったにしろ、生まれたばかりの地球で起きていた自然界のプロセスで生成できることになる。重要なのは、この結論は単に理論的に、あるいは実験によって導かれたものではないということだ。先ほど述べたような反応は、何十億年も前に実際に起こっていたことがわかっている。その記録は、太陽系が生まれるときにできた隕石の中に保存されている。地球が成長するときに、炭素質コンドライトが炭素と水の供給源になったことはすでに説明した。この炭素質コンドライトには、なんと70種類ものアミノ酸、そして糖や脂肪酸など、実に多様な有機分子が含まれていた。宇宙には、生命の源となる化学物質が広がっているのかもしれない。

ＲＮＡワールド仮説

ここまでは問題ないが、厄介なのはここからだ。アミノ酸が組み合わさるとペプチドという短い線状の分子になる。これは、たどたどしい言葉がシェイクスピア並みの洗練された表現になるようなものだ。ヌクレオチドもほぼ同じことができる。このような分子には、機能と記憶が備わっているものと思われる。しかし、生命体の中のＤＮＡは、分子にタンパク質を合成する指示を与えるが、ＤＮＡを複製するにはタンパク質が必要だ。この「ニワトリが先か、卵が先か」というジレンマは、どうすれば解消できるだろうか。

おそらく解答はこうだ。初めて進化した原始生命体には、ＤＮＡもタンパク質もなかった。私が初めて生物学を学んだ１９７０年代には、ＲＮＡが細胞の助産師のようなはたらきをしていると語られるのが一般的だった。ＲＮＡもヌクレオチドでできている分子で、リボソームという小さな細胞内構造の中でＤＮＡをタンパク質に書き写すためのガイドとなるとされていた。しかしその後、ＲＮＡ分子には実にさまざまなものがあり、機能も多岐にわたることがわかってきた。ＲＮＡは、親戚のＤＮＡと同じように情報を蓄積するが、酵素のような形で細胞の分子のようなはたらきをするものもある。これはタンパク質にしかできないと考えられていた機能だ。さらに、小さなＲＮＡ分子が細胞内での遺伝子の発現を制御していることもわかっている。それだけではない。リボソームの奥深くにある分子を探っていったところ、その構造の機能の中核にＲＮＡがあることがわかった。また、最近の実験によって、実験室で合成したＲＮＡ分子が進化し、淘汰されて特定の役割を果たすように形成されることもわかっている。

ＲＮＡ分子が情報を蓄積でき、酵素のようにはたらき、進化できることがわかったことで、一つの大きな考え方が生まれた。それは、繁殖して進化できる最初の生命体は、ＤＮＡとタンパク質ではなく、ＲＮＡでできていた可能性があるということだ。

これを「ＲＮＡワールド仮説」と呼ぶが、この説は生命の起源を研究する多くの人々に注目されている。初期のＲＮＡ分子（またはＲＮＡのような分子）は、自然にできた脂質の球体の内部に存在し、成長や繁殖ができた。それが徐々に大きく複雑な分子になり、特定の役割を果たすように進化していった。やがてＲＮＡを前駆体として進化したＤＮＡが登場し、細胞の情報をはるかに安定的に保存できるようになったが、その過程で他の機能は失われた。そして、アミノ酸がＲＮＡやＤＮＡと作用し合うようになると、一般的にＲＮＡ酵素よりもはるかに速く作用するタンパク質が進化し、細胞の構造や機能に関する要件のほとんどを引き受けるようになった。興味深いことに、最近の研究から、ＤＮＡとＲＮＡの部品はどちらも生物が登場する以前の世界の条件で作られた可能性があることがわかっている。つまり、生きたすべての細胞で見られるＤＮＡとＲＮＡの相互作用は、生命の初期の段階から行われていたかもしれないということになる。

ＲＮＡワールドとそれに類する仮説の難点は、代謝という現象をどのように組み込むかという点にある。最初の生命体は、脂質に覆われたＲＮＡ分子が成長し、繁殖し、進化するだけのもので、環境に反応したり影響を与えたりする特別な仕組みはなかったのかもしれない。これは十分あり得ることで、そう考える科学者も多い。しかし、最初の生命を生みだすために代謝が必要なかったとすれば、多くの意味で、代謝こそ注目すべき生命活動ということになる。それによって生命体は海や大気と作用し合えるようになり、やがてその両方の組成を変えることになるからだ。そのように考えて、生命の起源に別の角度からアプローチする科学者もいる。それは、情報よりも代謝を重視するという考え方だ。この見方によれば、大きなエネルギー源である深海の海嶺の温泉で原始的な代謝が始まったということになる。

この代謝ファースト仮説には、ＲＮＡワールド仮説とは逆の問題がある。代謝ファースト仮説は、初期の生命がどのように環境と作用し合うようになったのかについてすばらしい手がかりを与えてくれる。しかし、生命がそこから進化してＤＮＡ情報やＲＮＡ、タンパク質を獲得していくと考えるのは、聖書の創世記にある「神は６日目に人を作った」的な響きにも感じられる。

このように、生命の起源を探るという問題は今も現在進行形で進んでいる。わかっていることは、どういうわけか原始の地球に、自己繁殖し、代謝し、進化する細胞が現れたことで、惑星改造の準備が整ったということだ（パンスペルミア説を信奉する科学者がいることは承知している。これは、初期の地球の生命は種のような状態で物理的に別の場所からやってきた、あるいは宇宙人によって運ばれたとする説だ。火星などの惑星に衝突した隕石によって、微生物が宇宙に巻きあげられ、やがてそれが肥沃な地球に降りてきたということはあるかもしれない。初期の太陽系に生命を培養できる環境があったのかどうかはわからない。また、自然にであろうとそうでなかろうと、移動時間の長さと微生物が繁栄できる環境に着陸する可能性の低さを考えれば、太陽系外の惑星から種がやってくるというのは、きわめて低い確率でしか起こりえない。もちろん、この仮説を受け入れたとしても、それは生命が時間と空間を超えて移動してきたというだけなので、生命の起源の問題が解決するわけではない）。

地球に生命が誕生したのはいつか

生命がどのように発生したかを完全に理解することはまだできないとしても、地球に生命が根ざしたのがいつなのかは推測できるかもしれない。それができれば、生命が登場したときの地表の様子をある程度特定できることになる。植物や動物が生まれるずっと前の微生物によって、岩石に明らかな証拠が残る可能性があるかもしれない。その前提に立てば、これは地質学の問題になる。ただ、昔の地球の痕跡は恐竜の骨や珪化木（木の化石）からわかるが、微小で壊れやすいように思える細菌のような生命体が、初期の地球に痕跡を残すことはあるのだろうか。

私が若い古生物学者だったころ、古代の微生物の痕跡を探して北極圏にあるスピッツベルゲンの島々を巡ったことがある。そこには、氷河によって削られた崖に、数千メートルにわたって8億5000万年前から7億2000万年前の堆積岩が露出している場所がある（図9）。この岩の中からは骨も貝も見つからず、層の表面にも何の跡も見られない。実際、化石になるような動物が登場するのは、この岩石が形成されたずっと後のことだ。しかし、調べ方さえ知っていれば、スピッツベルゲンの岩石に生命の痕跡がはっきりと残されていることがわかる。

まず、チャートという岩石に注目しよう。これはフリントとも呼ばれる非常に硬い岩石で、細かな石英でできている。イングランド南東部に見られるフリントでできた教会を知っている方もいるだろう。このつやのある黒い丸石は、中世の建築家にとってもっとも硬い石だった。ドーバーのホワイトクリフ（白い崖）に行けば、この特徴的な岩石の由来を知ることができる。ホワイトクリフの壮大なチョークの崖は、７０００万年ほど前に海底に積もった石灰質の堆積物だが、そこには黒いチャートの塊が大量に含まれている。黒く見えるのは、塊が成長する過程で有機物が閉じこめられたからだ。古生物学でチャートが注目される理由はそこにある。地層が蓄積する際に埋もれた微生物の化石など、古い生物由来の物質が保存されていることがあるからだ。

スピッツベルゲンでは、氷河に削られた谷に厚い石灰の層が露出しており、ホワイトクリフと同じように黒いチャートの塊が含まれているものがある（図10）。紙ほどの薄さにして顕微鏡で観察すると、そこには石化した微生物の世界が広がっている。とても小さいが、美しく多様な世界だ（図11および12）。その多くはシアノバクテリアであることがわかる。シアノバクテリアは光合成を行う細菌で、のちほど触れることになるが、地球の歴史において重要な役割を担っている。チャートには、ほかにも小さな藻類や原生動物の化石が含まれている。また、浅い海底に積もった泥の中にも、微小化石が保存されている。岩の層に挟まれ、圧縮されて古いバレンタインデーのブーケのようになったものもある（図13）。こういった化石やこれと同じくらい古い年代の岩石は世界中で見つかっており、ほとんどは微生物であるものの、生命にあふれた時代があったことを示している。

図9：スピッツベルゲンの氷河に浸食された高地にある8億5000万年前から7億2000万年前の堆積岩でできた崖。この岩石や、世界中にある同様の岩石には、植物や動物の進化が始まるかなり前から豊かな微生物相が存在していた証拠が残されている。

出典：Andrew H. Knoll

10.

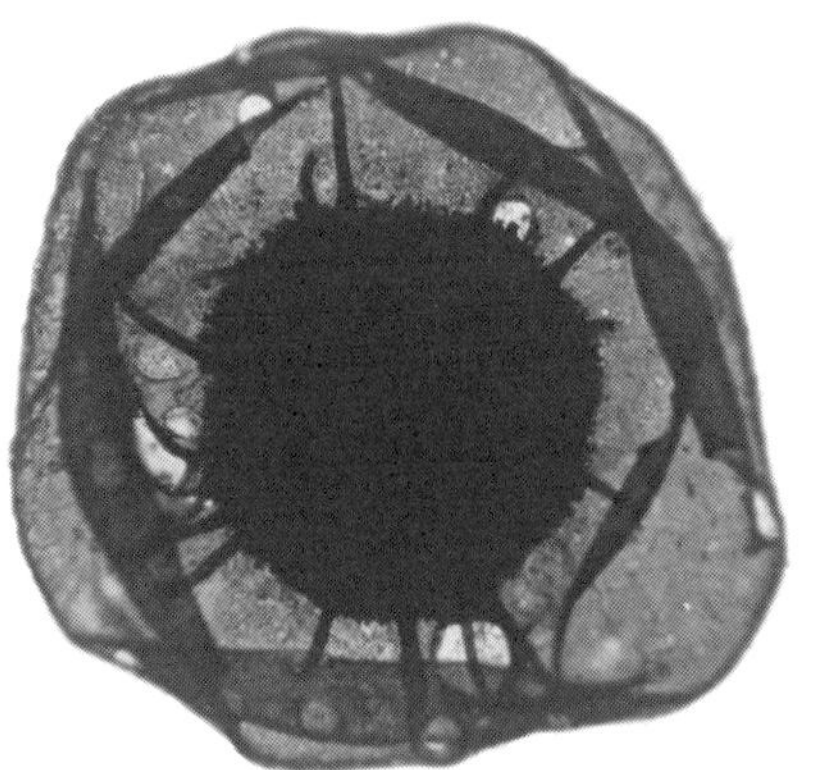

13.

図10から13：スピッツベルゲンの石灰岩の層に含まれる黒いチャートの塊（図10）。この中には、さまざまなシアノバクテリアの微小化石（図11と12）など、たくさんの微生物が含まれている。同じ地層の泥岩には、単細胞真核微生物の美しい化石が保存されている（図13）。

出典：Andrew H. Knoll

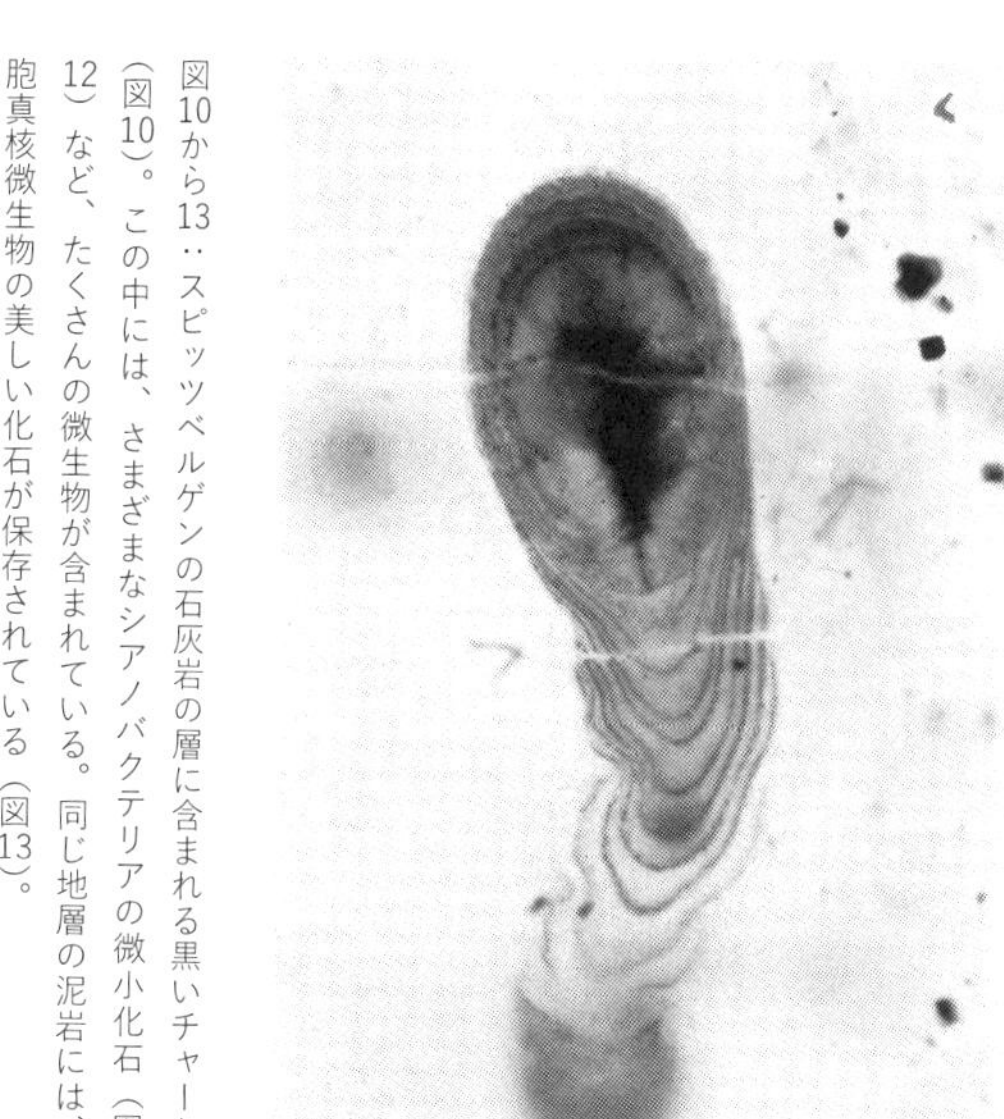

11.

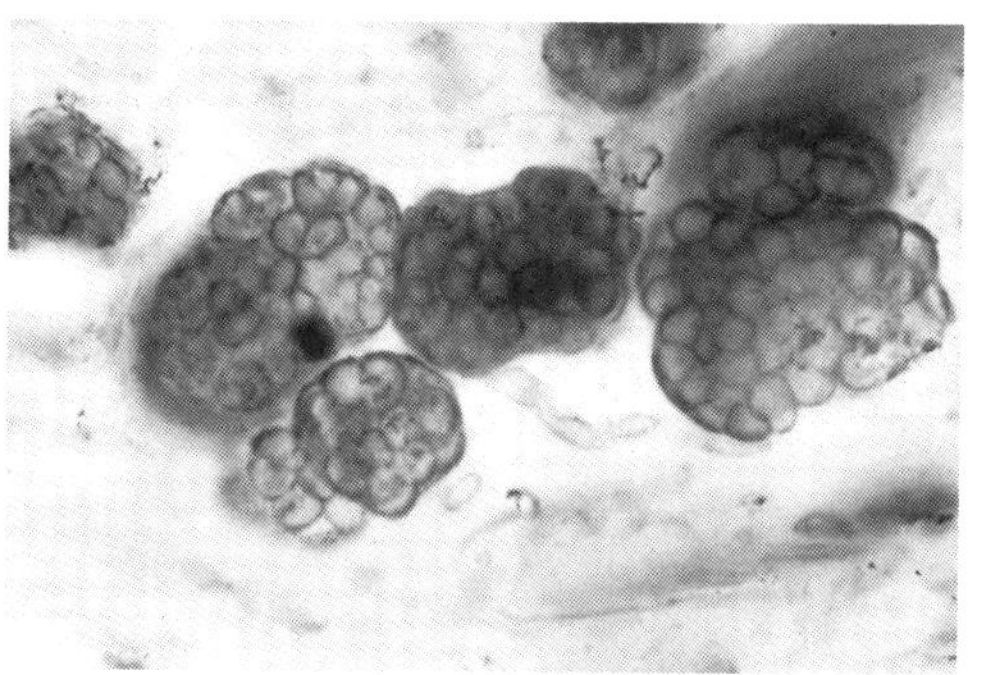

12.

スピッツベルゲンの石灰岩ができたころの海岸を歩くことができたとすれば、シアノバクテリアなどの微生物でできた青緑色の厚いじゅうたんにびっしりと覆われた海岸線を目にすることになっただろう。沖合に出ると、さらに青緑色が目に入ってくる。まるで海底から生えているように見えるのは、古い海底に微生物の集団が積もった化石礁(しょう)だ。これはストロマトライトと呼ばれる。現在の礁は、骨格を形成する藻類の力を借りて主に動物が作っているが、微生物は動物が登場するずっと前から礁を作っていた。スピッツベルゲンの崖には、高さ数メートルまで積もったドーム状、円柱状、円錐状の細かい層があることがよくわかる(図14)。確実にそう断言できるのは、現在の世界でも、動物や海藻から切り離された海底でストロマトライトが形成されているからだ。そのような環境では、古代の地球と同じように、じゅうたん状の微生物の集まりが堆積物を蓄えて、幾重にもわたる岩石層を作りだしている。

化学的手法により、さらに微生物の痕跡があぶりだされている。その鍵となるのは、第1章で触れた同位体だ。繰り返すことになるが、生命の主な材料である炭素には、炭素12と炭素13という2つの安定同位体がある。炭素の同位体を調べれば、古代の生物のことがわかる。光合成を行う生命体が二酸化炭素を有機分子に固定するとき、重い同位体である炭素13よりも、軽い同位体である炭素12を含むCO$_2$を優先的に取り込むからだ。生命体が意図的に炭素12を選んでいるわけではない。軽いCO$_2$の方が、細胞内の酵素と速く反応するというだ

図14：微生物群がきめの細かい堆積物に閉じこめられてできる層状の構造であるストロマトライト。微生物群は丸石の表面に群生し、堆積物が積もるとともに上に向かって伸びていく。そのため、写真のような細かい層が残る。右側の柱状の構造の直径は約5センチメートル。

出典：Andrew H. Knoll

けのことだ。そのため、CO_2が豊富であれば、光合成する生命体は環境内の無機炭素と比べて炭素12の濃度がわずかに高い有機物を生成する。この違いは1000単位あたりわずか数単位でしかないが、質量分析装置を使えば正確に計測できる。たとえば現在のバハマに行き、石灰質の堆積物とその中にある有機物の炭素同位体の組成を計測すれば、1000単位につき25単位という違いがあることがわかるはずだ。スピッツベルゲンで同じことを行っても、同じ結果になる。つまり、8億5000万年前から7億2000万年前にも、生命による炭素のサイクルは存在していた。同じように、黄鉄鉱や石膏に保存されている硫黄の同位体にも、細菌による硫黄のサイクルが古くから存在していた証拠が記録されている。

さらに、古代の岩石には実際に生体分子が含まれていることもある。微生物が作りだし、その生物が死んだずっと後に岩石中に保存されたものだ。DNAやタンパク質を見つけられるのが理想だが、古い岩石でそのような希望が叶えられることはめったにない。この10年で古いDNAの研究に画期的な進展があったが、これまでのところ、200万年以上前の骨や貝殻から古いDNAを確実に抽出できた例はない。タンパク質も同様だ。タンパク質は細菌や菌類が好んで食べるので、相当新しい岩石を除けば、保存されていること自体がほとんどない。保存されているのは、膜の材料である丈夫な脂質だ。学生によく話すのだが、皆さんが死んだとき、未来まで残って分析されることになるのは、コレステロールだ。現時点では、スピッツベルゲンの岩石からは生体分子はほとんど見つかっていない。しかし、同年代の別の岩石には、さまざまな微生物分子の記録が残されている。要するに、堆積岩にはさまざまな微生物の痕跡が残されている可能性があり、スピッツベルゲンなどの8億5000万年前から7億2000万年前の岩石には、それが大量に含まれている。

では、生命の記録はどのくらいまでさかのぼることができるのか。オーストラリアやシベリアで16億年前から15億年前の岩石を調べたことがあるが、その半分の年齢のスピッツベルゲンの堆積物と同じく、微小化石やストロマトライト、生体指標分子が含まれていた。同位体による証拠から、微生物性の炭素や硫黄が循環していたこともわかっている。さらにその2倍古い時代に目を向けると、生命の兆候を探せるだけの状態が保たれた最古の堆積岩に行き着くことになる。南アフリカと西オーストラリアの僻地には、35億年前から33億年前の地層が保存されている。地球が誕生して間もない時代のもので、めったに見ることはできない。主に火山流と灰でできているが、間に薄い堆積物の層があるため、太古の生命について考えることができる。チャートを多く含む岩石から微小化石が見つかったという報告には異論がある。見つかったとされる単純な生命体の微細構造は、はるか昔の堆積物に濾過された熱水流によって作られたものかもしれない。また、岩石が埋もれて地殻変動によって熱せられ、かつて保存されていた生体指標分子が破壊された可能性もある。しかし、同位体からは、生まれたばかりの地球にはすでに微生物が存在し、未完成の生物圏で炭素や硫黄を循環させていた可能性が示唆されている。ストロマトライトにも、浅い海底に微生物が集まっていた痕跡が残されている（図15）。

つまり35億年前の地球は、すでに生命の星だった。それ以前にも生命が存在した可能性をほのめかすいくつかの証拠もある。グリーンランド南西部のフィヨルドには、きわめて珍しい岩石が含まれている。約38億年前の火成岩と堆積岩だ。この岩は変成作用によって変形しており、もともと堆積物中に保存されていた有機物は、グラファイトができる際の熱と圧力によって変化している。しかし、この物質の炭素同位体の組成を確認したところ、その後の年代の岩石に保存されている有機物とほぼ同じだった。そこから、生命による炭素の循環が起こっていた可能性があることがわかる。第1章で述べたオーストラリアのジャック・ヒルズで見つかった41億年前のジルコン結晶に含まれていた微細なグラファイトにも、炭素13は存在しなかった。

この最古の炭素が地中深くで形成されてジルコン結晶に取り込まれた可能性もあるが、いずれにしても、これが伝えていることは明らかだ。時間をさかのぼればさかのぼるほど、生命の証拠よりも調べることができる岩石自体がなくなってしまう。長い歴史のほとんどで、地球は生命の星だった。

図15：オーストラリア西部の34億5000万年前の堆積岩に含まれるストロマトライト。生まれたばかりの地球に微生物が存在していた証拠は、炭素や硫黄の同位体だけでなく、こういった構造にも残されている。スケールは長さ15センチメートル。

出典：Andrew H. Knoll

なぜ地球は氷の星にならなかったのか

生命が誕生したころ、おそらく40億年前かそれ以前の地球について、地質学から何がわかるだろうか。すでにわかっているように、生まれたばかりの地球は水の星で、火山や小さな陸の塊だけが顔を出していた。生物発生以前にも、化学反応を起こすエネルギー源はたくさんあった。地表には紫外線が降り注ぎ、放射性同位体の崩壊によるエネルギーも発生していた。火山や熱水系からの熱もいたるところに遍在した。さらに、稲妻が初期の大気を切り裂いていた。現在と同じように、間欠泉（イエローストーン国立公園のオールド・フェイスフルが有名）や海嶺といった局所的な熱源もあった。ただし、最新のデータによれば、海水や大気の温度は現在とさほど違わなかったようだ。

実は、これ自体が不思議な話だ。恒星の進化モデルによると、40億年前の太陽の光度は現在の70パーセントでしかなかったはずだからだ。太陽が暗かったのなら、生まれたばかりの地球は氷の星になるはずだ。

そうならなかったのは、「温室効果ガス」の影響だ。これは21世紀の地球温暖化の元凶だが、長期的に見れば、居住可能な環境ができたのは温室効果ガスのおかげにほかならない。

生まれたばかりの地球の地表にあった水を液体に保つ温度を維持するには、大気中に現在の濃度の100倍以上の二酸化炭素が必要だ。このころの大気のほとんどは、主に窒素ガスと二酸化炭素でできており、それに水蒸気とさまざまな水素ガスが混じったものだったと考えられる。第1章で触れたように、古い堆積岩を化学的に分析すると、酸素ガスは明らかに少なかったことがわかる。これは生命の起源にとってありがたいことだ。たくさんの実験を行った結果からわかったことだが、O_2が存在すると、生物発生以前の化学反応はうまく行われなくなる。

生命は現代とは似ても似つかぬ地球に誕生した。ほとんどが水の世界で、陸地は多くなかった。大気には大量の二酸化炭素が含まれ、酸素はほとんど、あるいはまったく存在しなかった。水素などのガスが噴きだしている場所があり、温泉も多かった。世界全体がアイスランドのような場所だったと言えるかもしれない。生命はそのような環境で誕生した。もしそこに行くことができたとしても（酸素を持って行くことをお忘れなく）、足元の変化には気づかないかもしれない。しかし、はじまりはささやかであっても、生命は広がって多様化する。地球には細菌や珪藻、セコイア、そして人間が登場し、現在にいたるまで、地表の姿は幾度も変化を重ねていくことになる。

地質時代区分

「観測に基づくあらゆる自然科学の分野と同じように、さまざまなものが含まれる地球の地殻は自然な層になっており、その層が規則正しい順番で連続していることを観測できる」。イギリスの地質学者アダム・セジウィックは、19世紀の偉大な地球科学革命をそう表現した。革命とは、地球の年代を解き明かし、地質時代区分として明文化したことを指す。

セジウィックは1835年、他の岩石群とは明らかに異なるウェールズの堆積岩の層を、カンブリア系と呼ぶことを提唱した。この層は、古生物学的に明確に分かれたシルル系の層の下にあり、構造や位置から見分けることができる。シルル系は、別のイギリスの地質学者、サー・ロデリック・インピー・マーチソンがほぼ同時期に提唱した。それから数十年以内に、さまざまな系が提唱され、層同士の関係に基づいて相対的な時間軸に配置された。シルル紀の岩石がカンブリア紀の岩石より新しいのは、必ずカンブリア系の岩石の上にあったからだ。デボン紀の岩石はさらに新しい。それぞれの系が堆積した期間は紀と呼ばれ、化石は地球の年代を記録したものと見られるようになった。その結果が地質時代区分である。厳密に言うなら、現在は顕生代（動物の化石が見られる時代）と呼ばれる時代の一部だ。

20世紀が始まるころには、比較的新しい岩石に記録されていた出来事の相対的なタイミングはかなり明確になっていた。ただし、新生代の哺乳類は中生代の恐竜よりも新しいことはわかっていたが、そういった期間や特徴的な化石の具体的な年代はわからなかった。この状況を一変させたのが、放射能の発見だ。同位体についてはすでに説明したが、元素に含まれる中性子の数の違いを表す。炭素には、炭素12と炭素13という2つの安定同位体があるが、炭素14という3つ目の同位体も存在する。炭素14は放射性元素で、原子核が不安定なためやがて崩壊し、電子1個（さらに詳しく述べれば、それに加えて1個の電子反ニュートリノ）を放出して窒素になる。この崩壊が起こる速度は半減期で表せる。炭素14の半減期（木片などに含まれる炭素14の半分が崩壊して窒素になる時間）は5730±40年だ。このように、炭素14は年代測定の基本となる。

半減期が比較的短い炭素14は、考古学史料の年代測定には便利だが、地球の長い歴史の測定には向かない。そこで、ウランなどの他の放射性同位体を利用する。第1章で述べたように、年代測定にとりわけ役立つのが、花崗岩やそれに関連する火成岩に広く含まれるジルコンだ。これによって地球の長い歴史を測定できる。地質学者たちは、現場や実験室での丹念な研究によって地質の年代を測定してきた。今では、ティラノサウルスが白亜紀後期に生息していたことだけでなく、6800万年前から6600万年前ごろの古代の森を歩き回っていたことまでわかっている。放射年代測定は、顕生代前の地球の歴史を紐解くうえでも重要な役割を果たしている。図16は、2020年時点で明らかになっている地質時代区分を示す。地質年代の特定は現在も続いており、まだよくわかっていない細部も多い。この図から、たくさんの化石が出ている顕生代は非常に細かく年代を特定できていることがわかる。しかし、その年代は地球の歴史の直近13パーセントほどしか含んでいない。地質年代のほとんどは、謎に包まれた冥王代（めいおう）（45億4000万年前から40億年前）、はる

累代	代	紀	年代
			現在
顕生代	新生代	第四紀	*
			258万年前
		新第三紀	
			2303万年前
		古第三紀	
			6600万年前
	中生代	白亜紀	
			1億4500万年前
		ジュラ紀	
			2億0136万年前
		三畳紀	
			2億5190万年前
	古生代	ペルム紀	*
			* 2億9890万年前
		石炭紀	* * *
			3億5890万年前
		デボン紀	*
			4億1920万年前
		シルル紀	
			4億4380万年前
		オルドビス紀	*
			4億8540万年前
		カンブリア紀	
			5億4100万年前

＊氷河期

図16：地質時代区分。年代は国際層序委員会による2020年版の国際年代層序表に基づく。

か昔の太古代（40億年前から25億年前）、長い原生代（25億年前から5億４１００万年前）といった時代で占められている。しばらくこの年代図を眺めてみてもらいたい。以降の章では、この累代、代、紀の名前で地質年代を表す。これは歴史学者が鉄器時代、中世、ルネサンスなどと表現するのと同じことだ。

4

酸素と地球

呼吸できる空気はどこから来たのか

答えは鉄が知っている

生まれたばかりの地球が私たちの世界と根本的に違ったのは、大気に酸素がなかったことだ。しかし、どうしてそんなことがわかるのだろうか。生まれたばかりの地球は私たちの世界とはまったく違うと言えるのはなぜなのか。また、そのような地球が、人間はもとより、アリクイやゾウなどが生きていける星になったのはどうしてだろう。

最古の大気のサンプルとして知られているのは、南極の氷の中に閉じこめられた200万年ほど前の気泡だ。それよりも昔の空気や海のことを知りたいなら、岩石に残された記録の化学的特徴から導きだす必要がある。ネアンデルタール人の文化について知りたいなら、その遺物を調べる必要があるのと同じことだ。岩石や鉱物にちりばめられた手がかりを集めれば、初期の地球の大気の姿を描きだすことができる。岩石や鉱物の組成は、それが作られたときに触れた空気や水によって影響を受けるからだ。

その調査の手始めとしてうってつけの場所は、オーストラリアの北西部にあるデイル峡谷だ。乾燥した平原に刻み込まれたこの狭い谷には、約25億年前の堆積岩の厚い層が露出している（図17）。実はこの岩石自体が珍しく、チャートと鉄鉱石が混じった層と、赤茶色に風

図 17：西オーストラリア州にあるデイル峡谷の 25 億年前の鉄鉱床。

出典：Andrew H. Knoll

化した鉄とオーストラリア内陸部に見られる赤く細かい砂からなる層が均等に重なっている。この岩石は鉄鉱床と呼ばれ、キッチンで使う鋳鉄のフライパンはこういった岩石から作られることが多い。

特徴的なのは、鉄鉱床は現在の海底では作られないことだ。このような堆積物が生成されるには、溶けた鉄が海に運ばれなければならない。そしてそれが起きるのは、O_2がないときだけだ。たとえわずかでも酸素が存在すれば、それが溶けた鉄と反応して酸化鉄鉱物になる。現在の海は鉄の濃度が非常に低いため、鉄鉱床は当時ほとんどの海に酸素がなかった証拠になる。海面の水は大気とガス交換を行うので、海に酸素がなかったということは、その上にある大気にも酸素がほとんどなかったはずだ。

鉄鉱床は約24億年前より古い堆積盆地によく見られるが、その時期を境にほぼ見られなくなる。つまり、このころO_2が大気と海水面に浸透しはじめたということだろう。同じ結論につながる地質学的現象はほかにもある。たとえば黄鉄鉱だ。黄鉄鉱は金と見間違えられることもある。博物館や岩石販売店に飾られているピカピカの金の立方体を見たことがある人もいるだろう。この黄鉄鉱は、酸素の物語を紐解く助けになる。黄鉄鉱は古い泥岩や一部の火成岩の中で見つかり、O_2に非常に敏感という特性がある。つまり、酸素の多い湿った環境に置かれれば、数年から数十年で酸化して硫酸塩（石膏に含まれる硫黄と同じもの）になってしまう。そのため、露出した大陸の岩石の黄鉄鉱は常に浸食されるが、基本的にこの鉱物が沿岸部の砂粒に混じることはない。古い岩石が浸食されてできた黄鉄鉱の粒は、酸素と反応して消えてしまうからだ。

これは地質学的な雑学のように思えるかもしれない。しかし、24億年以上前に堆積した砂岩を調べてみると、地上の岩石が浸食されてできた黄鉄鉱の砂粒が川によって下流に運ばれ、海辺に堆積していることがわかる。つまり、長期間わずかな量の酸素にも接触していないということだ。24億年前以降の堆積層には、そのような粒はめったに見られない。酸素に敏感なその他の鉱物からも、同じことがわかっている。

はるか昔の風化層からも、24億年前の地球で起きた変化を確認できる。酸素に触れた岩石は化学的に風化して岩石の表面が変質し、やがて土になる。ここで再び取りあげることになるのが鉄だが、その理由は先ほどと同じだ。酸素のない空気や水のもとで鉄を含む鉱物が風化すると、そこに含まれる鉄は溶けて雨や川によって運ばれる。このような状況では、もとの岩石の鉄分と風化した表面の鉄分を比較すると、風化した層には鉄が少ないことがわかる。一方、酸素が存在する場合は、風化によって分離した鉄はすぐに酸化鉄鉱物になるため、その場所に残ることになる。では、古い風化層のうち、初めてO_2と接触した証拠が見られるのは、いつごろのものだと思うだろうか。24億年前という声が聞こえてきそうだが、まさにそのとおりだ。

さらに、古い黄鉄鉱や石膏に含まれていた硫黄同位体の詳しい分析結果から、24億年前以前の地球の硫黄サイクルで重要な役割を果たしていたのは、大気の化学プロセスであることがわかっている。このプロセスは、24億年前を境に止まっている。化学モデルから、この同位体は大気中の酸素レベルが極端に低い場合（現在の10万分の1以下）しか発生しないことが示唆されている。

無酸素下での生命体

20億年以上の間、つまり地球の歴史の最初の半分近くの間、地球の大気や海に酸素はほとんどなく、私たちのような生命体は存在できなかった。そこから2つの重要な疑問が生じる。すでに触れたように、35億年前、あるいはそれよりも前の時点で、地球はすでに生命の星だった。酸素のない初期の地球に存在した生命とは、どんなものだったのだろうか。そしてそれと同じくらい重要な疑問として、長いこと変わらなかった地表の状態が、なぜ24億年前に変化したのだろうか。

最初の疑問のほうがはるかに簡単だ。酸素のない環境は今も存在し、生命はそこにも確かにあふれている。では、人間にとっては苛酷すぎる環境で、生命はどのように生存しつづけているのか。私たちにおなじみのマクロな世界では、植物が光合成によってエネルギーと炭素を得ている。光のエネルギーを使って二酸化炭素から糖（炭水化物）を生成し、その副産物として酸素を放出する。これをシンプルに表現すると、光合成は次のような化学反応式で表せる。

$CO_2 + H_2O \rightarrow CH_2O + O_2$

動物はその逆で、有機分子を食物として取り込み、その一部を酸素と反応させてエネルギーを得る。これを呼吸と言う（植物も呼吸する）。

$CH_2O + O_2 \rightarrow CO_2 + H_2O$

この2つの反応は相互補完的で、片方を逆にすればもう片方になる。そのため、炭素と酸素は生命体と環境の間を行き来し、生命を支えつづけることになる。

顕微鏡を準備すれば、多くの微生物が同じことをしていることがわかるだろう。藻類は光合成によって有機炭素と酸素を生みだしている。菌類も原生動物も藻類も、すべて酸素を使って呼吸し、炭素をCO_2として環境に返している。このような経路で炭素を循環させている微生物もいる。

二酸化炭素を糖に変えるには、電子が必要だ。植物と藻類は水から電子を抽出し、その過程でO_2を放出する。これにはかなりのエネルギーを要するが、酸素が多く含まれる環境ではこの方法しか使えない。しかし、光はあるがO_2がない環境では、水素ガス、腐った卵のようなにおいの硫化水素、そして水に溶けた鉄イオンなどから電子を得ることができる。この条件下では、光合成を行うさまざまな微生物が現れる。これらはすべて細菌で、前述のような材料から必要な電子を得るが、O_2は生成しない。通常、こういった細菌は、光合成を行う色素の関係で紫色か濃い緑色になる。よどんだ池にこのような微生物が集まった光景は圧巻だ（図18）。

光合成を行う細菌がO_2を生成することなくCO_2を糖に固定できるとすれば、酸素を使わずに呼吸して炭素サイクルを完結させる細胞もあるのだろうか。ここでも、細菌がさまざまな代謝を行うことがポイントになる。人間は呼吸でO_2を使用して有機分子を取り入れるが、細菌の中には、硫酸イオン（SO_4^{2-}）や三価鉄イオン（Fe^{3+}）などの別の化合物を使って呼吸するものもいる。動物は植物が生成した酸素を呼吸に使って有機分子をCO_2に戻

図18：酸素がない環境は、現在の地球にも普通に存在する。ここに示すのは、微生物が集まってできた物質。カリブ海に浮かぶタークス・カイコス諸島にある。表面にある黒い繊維状の層（上の矢印より上の部分）は、実際にはシアノバクテリアによって深緑色になっている。この部分は空気に触れているため、酸素が豊富に存在する。この層の下（2つの矢印に挟まれた部分）では、光は透過してくるものの、酸素は得られない。そのため、紫色の光合成細菌が多く含まれ、わずかに薄い色の層になっている。こういった細菌は硫化水素から電子を得ており、酸素は生成しない。これ以下の層では、酸素呼吸を行うことはできないため、硫酸イオンなどを使って呼吸したり、有機分子を発酵したりする微生物が存在する。

出典：Andrew H. Knoll

しているが、こういった細菌は、光合成細菌が硫化水素や溶解鉄などから電子を得るときにできた分子を使用する。このように、明るく酸素のない環境での炭素サイクルは、鉄と硫黄のサイクルとつながっている。若いころの地球の炭素サイクルは、酸素がほとんどない川や湖や海での生物学的な鉄のサイクルと密接に結びついていた。地球には、鉄器時代のはるか昔に「鉄の時代」があったということだ。

細菌や古細菌（前の章で細菌の近縁種として紹介したもの）は、別の代謝手段を隠し持っている。あるものは、光を使うことなく炭素を固定する化学反応を起こして、そのエネルギーを利用する。またあるものは、有機分子を単純な化合物に分解することで多少のエネルギーを得る。この過程のことを発酵と呼ぶが、人間もこの発酵を行うことで、運動によって筋肉中の酸素が足りなくなったときに必要なエネルギーを生成できる。激しい運動を行うと疲労を感じるのは、この過程で生成された乳酸の影響だ。有機分子の発酵は一過的なエネルギー源とはなるものの、これだけで体を維持することはできない。実は、発酵を得意とする細胞は細菌や古細菌以外にはほとんど存在しない。発酵をもっとも得意とするのは、化学の力で穀物をビールに変え、ブドウをワインに変える酵母だ。

つまり、現存する微生物を調べれば、どのようにして酸素のない地球で10億年にもわたって生命が維持されてきたかがわかる。初期の地球では、多様な細菌や古細菌が陸や海に存在し、炭素や鉄、硫黄などの元素を循環させていた。それよりも複雑な生命体である藻類、原生動物、菌類、植物、動物は、代謝に酸素が必要だ。進化によってそのような生命が登場するのは、地表にO_2が永続的に存在する状況が生まれてからだ。

酸素の生みの親は何者か

しかし、いったいどういうわけで地球は24億年前にここまで劇的な変化を遂げたのか。地質学者の間では、いつごろO_2が蓄積しはじめたのかは共通認識になっているが、現在のところ、どのように蓄積しはじめたのかについては意見が分かれている。ここでは、違う説はあることは承知の上で、ポイントになる部分をまとめてみよう。

意見が共通する部分は、少なくとも2つある。そもそも、私たちが呼吸に使う空気中の酸素は、生命がなければ存在できない。地球の大気に酸素を供給できる唯一の方法は、酸素発生型光合成、つまり水が電子を供給し、副産物としてO_2が生成される光合成だ。地球の大酸化イベント（Great Oxygenation Event、略してＧＯＥ）はまさに大変革と呼べる出来事で、その主役となったのが、酸素発生型光合成を起こせる唯一の細菌であるシアノバクテリアだ。そう考えれば、単純な説が思い浮かぶ。シアノバクテリアの進化的起源が誕生したことが、直接ＧＯＥにつながったという説だ。確かにこれはわかりやすい説だが、２つ問題がある。一つは地質学的な問題、もう一つは生態学的な問題で、実際にはそこまで話は単純ではない。

24億年前より前の堆積岩には、酸素がほとんどなかったはずの地球で、一時的に酸素が生成されたと解釈できる多くの化学的証拠が含まれている。同じように、24億年前の環境変化が記録された化学的証拠の中には、それ以前にも限定的、局所的、一時的に酸素が蓄積していた可能性を示すものがある。異なる解釈も存在するが、この「わずかな酸素」を示す証拠はたくさんあり、今も見つかりつづけている。その中に一つでも解釈が正しいものがあれば、酸素発生型光合成はＧＯＥの数億年前から始まっていたことになる。分子生物学に基づく推論でも、酸素を生成するシアノバクテリアは、生態系を支配するほど繁栄するずっと前から存在していた可能性が示唆されている。

この地質学データは、生態学を手がかりにして読み解ける。すでに述べたとおり、現在の太陽光が降り注ぐ環境でも、溶解鉄や硫化水素などから電子を得ることができるが、シアノバクテリアはそのような環境ではうまくやっていくことはできない。つまり、初期の海では、シアノバクテリアは光合成を行う他の細菌よりも競争的に不利な状況に置かれていた。長い間ほかの光合成微生物が主役だった世界で、シアノバクテリアが優位な状況に立てたのはどうしてだろうか。この答えを探すには、生物学の枠を超えて地球そのものについて考える必要がある。

この点から、二つ目の共通認識が得られる。それは、シアノバクテリアの光合成だけでは、地球を変化させるほどの酸素を供給することはできないことだ。大気や海にO_2が蓄積されるのは、シアノバクテリアが酸素を生成するスピードが、物理的にあるいは生物によって酸素が取り除かれるスピードよりも速い場合だけだ。

酸素が大気や海水面に蓄積されはじめるずっと前にシアノバクテリアが誕生していたと考えられる理由は2つある。初期の海ではガスやイオンが少なかったため、シアノバクテリア以外の光合成細菌が有利だったのかもしれない。あるいは、総合的な光合成のスピードがかなり遅かったため、初期のシアノバクテリアが生成した酸素ガスは火山ガスや鉱物の風化によって失われた可能性もある。おそらく、両方とも正しいのではないだろうか。

現在では、一般的に光合成のスピードに限界をもたらしているのは、太陽光や二酸化炭素、水ではなく、リン（DNAや細胞膜、細胞のエネルギー通貨であるATPに含まれる）や窒素（DNAとタンパク質の両方に必要）をはじめとする栄養素だ。細菌や古細菌の中には、窒素ガスを生物が利用できる分子に変換できるものもいる（量は限られるが、雷も同じことができる）ため、リンに注目して初期の生物圏を見てみることにしよう。リンを含む岩石が風化すると、そのリンは川に運ばれて海に流れ込む。光合成を行う生物は、そのリンを生体分子に取り込む。その他の生物は食物を通してリンを獲得し、それが食物連鎖を通して受け渡される。最終的にほとんどのリンは、海面からゆっくりと沈降する有機物の粒子として海底に沈む。その多くは堆積物中に存在する細菌によって解放され、深海流によって海面に戻されて、新たな光合成に使われる。

初期の海では、海面から顔を出している岩石はほとんどなかったので、陸地から新たに供給されるリンは少なかった。さらに、リンの循環が活発でなかったため、深海の上昇流によって海面に戻されるリンも限られていたはずだ。私も含め、いくつかの研究室が初期の海で光合成微生物がどのくらいのリンを利用できたかを化学の基本原理を使って推定する試みを行っているが、いずれも結果は「多くはない」というものだった。実際には、初期の生命が利用できる栄養素も大きな制約になっていたはずで、シアノバクテリアなどの細菌による光合成は地球全体を変化させるほどの規模にはならなかったに違いない。

時が経つにつれて、安定した大きな陸地が海上に現れるようになり、浸食されて海に運ばれるリンの量も増加した。やがて別の電子供給源を上回るだけのリンが出回ると、生態系でのシアノバクテリアの重要性も増加することになった。それとともに、世界は変わりはじめる。太陽光が降り注ぐ水中では、生成された酸素が他の電子供給源に取って代わり、生物圏は酸素発生型光合成と酸素が多く含まれた空気に向かいはじめた。シアノバクテリアが生成した有機物が堆積物に埋もれて呼吸できなくなると、O_2の蓄積が始まり、もう後戻りはできなくなった。

この見方によると、大酸化イベントは単に地球が物質的に作られた延長線上で起きたわけではなく、生物の進化だけによるものでもない。地球と生命との相互作用こそが、地表の変化をもたらしたのだ。

真核生物の誕生

GOEとその直後の期間で、どのくらいの酸素が蓄積したのか。そしてその結果、どうなったのかについて考えてみよう。当時の酸素のレベルを定量化するのは難しいが、複数の分析結果から導かれる答えは、ここでも「多くはない」だ。堆積岩を化学的に解析したところ、GOE後の約20億年間、世界の海は現在の黒海のような場所であった可能性が示されている。つまり、水面には酸素が含まれているが、水中にはない。GOEの期間中に酸素の量が急増したことを示すデータもあるが、約18億年前の時点で、大気中と海水面のO_2の量は、現在の1パーセント程度で落ち着いていたと見られている。これはアメーバには十分だが、甲虫には十分でない（約19億年前に、短期間ではあるが世界的に鉄鉱床が見られる時期がある。おそらくこれは、マントルから海に一気に熱水流が流れ込んだ影響だろう。ミネソタ州のメサビ鉄山で採掘される鉄は、このときにできたものだ）。

しかし、濃度が低かったとしても、酸素は生命にとって新たなチャンスとなる。シアノバクテリアのおかげで、生態系はこれまで以上に生産的になり、活発になった（O_2を使用する呼吸では、酸素を消費しない呼吸や発酵よりもはるかに大きなエネルギーが得られる）。もし顕微鏡と酸素マスクとボンベを持って酸素が存在するこのまったく新しい世界に行けるとしたら、それまでは世界に存在しなかったものがあることに気づくはずだ。生命の歴史の中ほどで、新たな種類の細胞が誕生した。

真核生物とは、ＤＮＡが核の中の仕切られた場所にある生物のことを指す。人間も、ポンデローサマツも、海草も、マッシュルームも、アメーバや珪藻などの単細胞生物も、そしてその他のたくさんの種の生物も、真核生物だ。真核生物を特徴付けているのは核だが、その他の細胞もその歴史と生態にとって重要な役割を果たしている。特に重要なのは、真核生物は細菌とは異なり、発達した細胞骨格を有しているので、細胞が大きく成長したり、さまざまな形状になったりできることだ。さらに、細菌は通常行えないような形で生存することもできる。特筆すべきは、ほかの細胞などの小さな食物片を取り込めることだ。真核生物の細胞は、このような捕食活動を通して、生態系をそれまでにない複雑なものに進化させた。さらに、詳しくは次の章で取りあげるが、細胞同士が新たな方法で連携しはじめたことで、複雑な多細胞生物が誕生する土台ができることになった。

真核生物の細胞で呼吸や光合成が行われるのは、細胞小器官と呼ばれる小さな構造の中だけだ。呼吸が行われる場所がミトコンドリアであり、光合成が行われる場所が葉緑体だ。こういった細胞小器官は、細菌の細胞にも似ている。たとえば葉緑体の細胞内膜は、シアノバクテリアの細胞内膜によく似ている。今から1世紀以上前のことだが、ロシアの植物学者であるコンスタンチン・メレシコフスキーは、似ているのは偶然ではないと述べた。メレシコフスキーは、サンゴの組織の中に藻類がいることを以前に発見していたことから、葉緑体の起源はシアノバクテリアが原生動物に取り込まれ、代謝のために使われるようになったものだと考えた。

この説は嘲笑を受けたあと、忘れ去られた（科学界ではよくあることだ）。しかし、メレシコフスキーは正しかった。分子生物学の時代が幕を開けると、新たなツールでこの仮説が検証できるようになった。葉緑体には少量のＤＮＡが含まれており、その遺伝子の分子配列を分析したところ、生命の系統樹において、葉緑体はシアノバクテリアに近いことがわかった。さらに研究が進むと、ミトコンドリアの祖先も細菌であることが判明した。真核生物の細胞自体が、はるか昔に古細菌の細胞と酸素呼吸する細菌との協力関係から生まれてきた可能性が高まっている。実際、最近見つかった古細菌には、真核生物の細胞を構成する分子に似たものが含まれていた。進化的に見れば、私たちはさまざまな細胞の寄せ集めだ。こうして新たなパートナーを得た植物は、シアノバクテリアの力を使って光合成を私たちの領域にもたらした。

この生物学的な物語を環境という観点で見てみよう。ほとんどの真核生物は酸素を使い、そうでないものの先祖も酸素を利用していた。さらに、酸素がない場所に生息しているほぼすべての真核生物も、O_2がある場所でしか作られない生体分子を必要としており、酸素がある環境に由来する食物から酸素を得ている。つまり、真核生物はＧＯＥの産物であると言える。

この見方を裏付けるように、16億年前から18億年前の堆積岩から真核生物の細胞の化石が見つかりはじめる。オーストラリア、中国、モンタナ州、シベリアにあるこの時代の岩石には、すべてかなりの種類の微小化石が含まれており、そこに保存されている細胞壁には複雑な構造と形態が見られる。現在は真核生物にしか見られない特徴で、長い腕のように伸びた部分を持つものもある。現在の菌類のように、これを使って溶解した有機分子を吸収していたのかもしれない（図19）。ほかには、皿のような厚い壁を持ち、成長に適さない環境では休眠状態に入れるものもある（図20）。わずかながら、簡単な多細胞化を果たしたものもあり、層状の細胞が肉眼で確認できるものもある（図21）。ただ、このような新生物革命は起きていたものの、生命の歴史が始まってからずっと地球に君臨していた細菌や古細菌が、新たに登場した真核生物に取って代わられたわけではない。微生物の生態系に入り込んだ真核生物は、依然として微生物の代謝に依存していた。現在の生物圏にも、動物1トンにつき30トンの細菌や古細菌が存在している。

次の10億年間の化石をたどっていくと、真核生物の多様性は増加の一途をたどることがわかる。原生動物とシアノバクテリアとの初期の協力関係から生まれた本物の藻類や、壺のような形の硬い外壁や鱗の鎧で捕食者から身を守る細胞が登場し、簡単な多細胞構造はますます多様化していった（図22および23）。

この低酸素でほとんどの生命が微生物だった世界はかなり長く続いたが、後期原生代の海にいたそのような簡単な多細胞生物の中で、もう一つの大変革が起きていた。世界規模の氷河期の直後に堆積した原生代最後期の岩石には、複雑な大型生物の化石が現れはじめる。生命が誕生して30億年以上が経ち、動物の時代が間近に迫っていた。

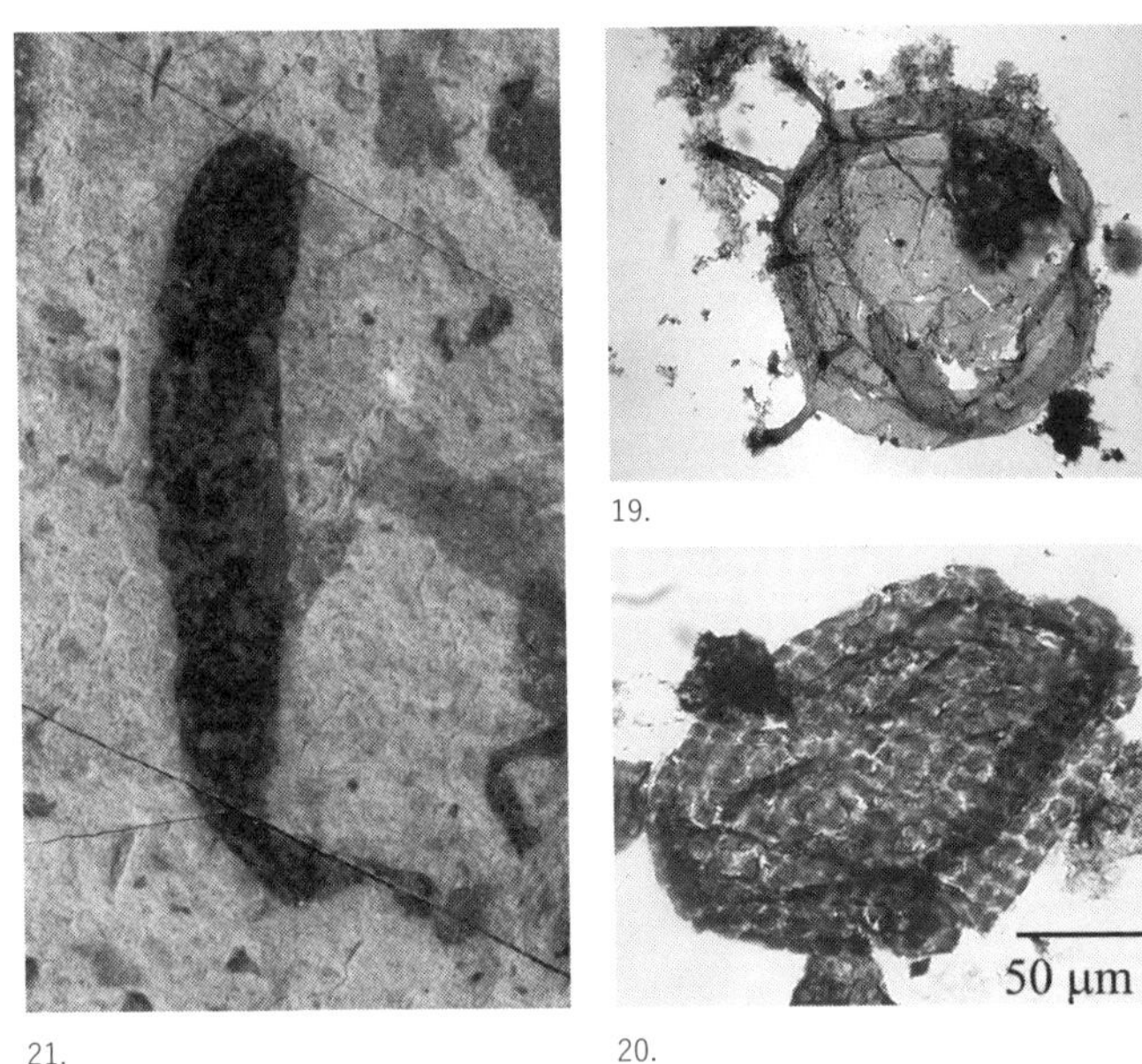

21.

19.

20.

図19から21：初期の真核生物の化石。

腕のように伸びた部分がある単細胞生物。食物にする有機分子を吸収する機能を持っていた可能性がある。オーストラリア北部の1億5000万年前から1億4000万年前の岩石より（図19）。

望まない環境や他の生命体から身を守るためと思われる厚い皿のような細胞壁。同じくオーストラリアの1億5000万年前から1億4000万年前の岩石より（図20）。

中国の約16億年前の岩石から見つかった簡単な多細胞構造を持つ既知の最古の生命体の一つ（図21）。図20右下のバーは図19と図20では50ミクロン、図21では5ミリメートルに相当する。

図19および図20の出典：Andrew H. Knoll

図21の出典：Courtesy of Maoyan Zhu, Nanjing Institute of Geology and Palaeontology

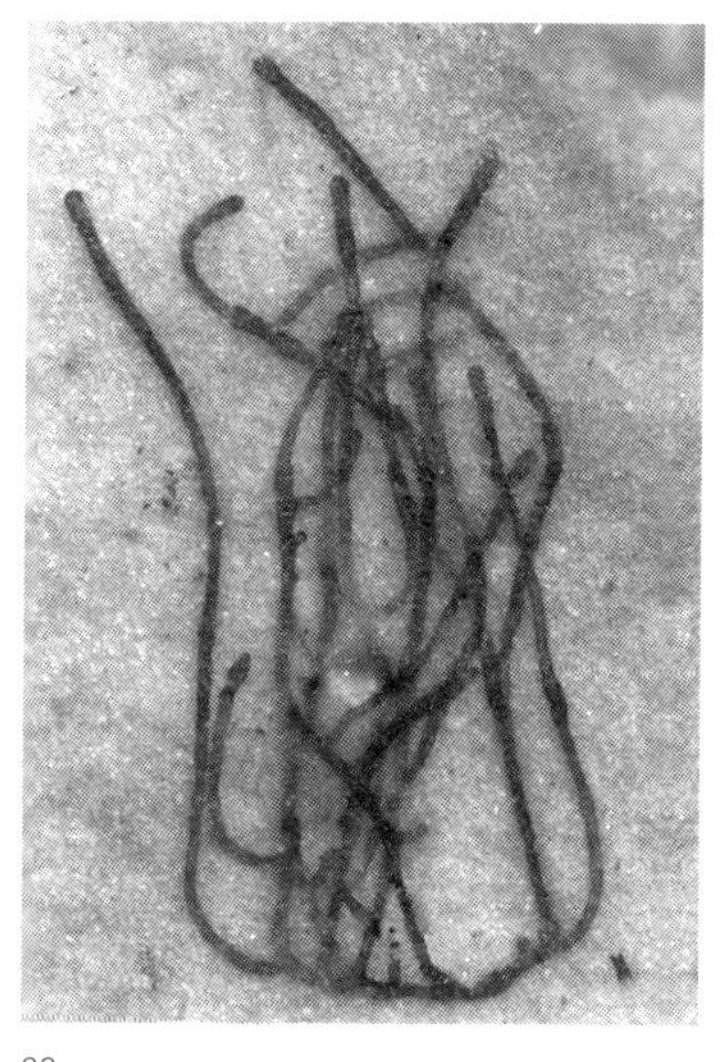

23.

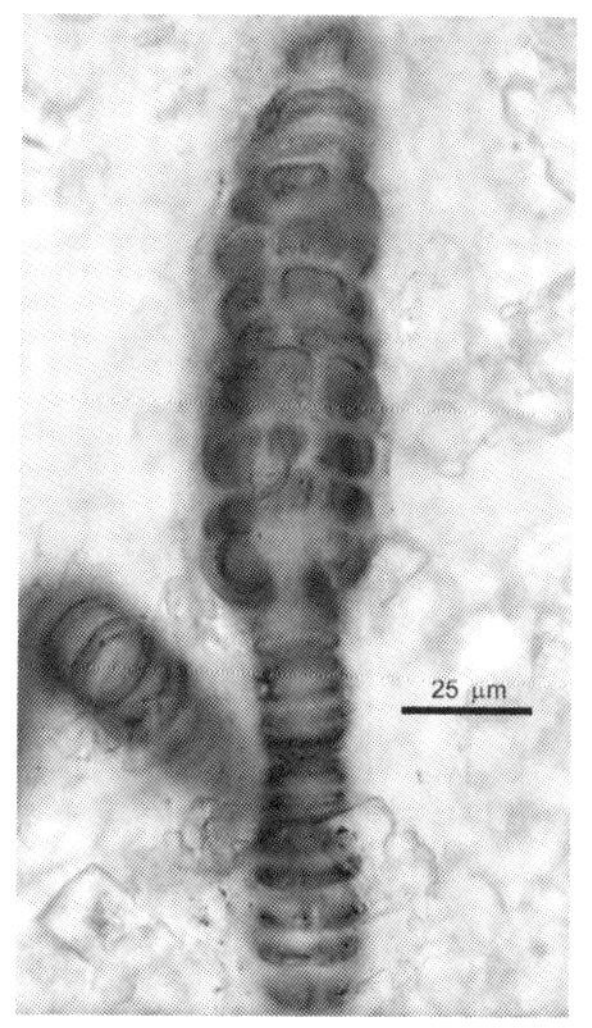

22.

図22および23：動物の登場前に繁栄していたさまざまな真核生物の化石。それぞれカナダ北極圏と中国の10億年前の岩石から見つかった既知の最古の紅藻類（図22）と緑藻類（図23）。図22のバーは25ミクロン、図23では225ミクロン。

図22の出典：Courtesy of Nicholas Butterfield, University of Cambridge

図23の出典：Courtesy of Shuhai Xiao, Virginia Tech

5

動物と地球

大型化する生命

ミステイクン・ポイント

晴れた日の午後にミステイクン・ポイントを訪れた古生物学者は至福に包まれる。ミステイクン・ポイントは、カナダのニューファンドランド島の南東に位置する岩だらけの海岸で、ユネスコ世界遺産に登録されている。荒天の日が多いが、運良く晴れた日の夕刻にこの場所を訪れると、低い太陽に照らされて古い地層が鮮明に浮かびあがる姿を見ることができる。

ミステイクン・ポイントの絶壁は、深海の海底に泥質堆積物と火山灰が一層ずつ積み重なってできたもので、約5億6500万年前のものだ。ここには3つの重要な特徴があり、それが合わさって特別な場所になっている。1つ目は、絶壁が段状になっているので、急速に埋もれて長年にわたって保存されてきた古い堆積地層が、広く地表に現れていることだ。これはまるで古代の海底を歩けるようなものだ。2つ目は、火山灰が豊富であるため、個々の層の年代特定がしやすいこと。そして3つ目のもっとも珍しい特徴は、地層面にたくさんの化石が含まれていることだ。ひとたび調べはじめれば、奇妙な化石やすばらしい化石が数百という単位で見つかる。奇妙な形の生命が、生きていた場所で火山灰に埋もれてそのまま保存されている様子は、まるで古生物界のポンペイだ（図24）。葉状体のように見えるものも

図24：カナダのニューファンドランド島、ミステイクン・ポイントの5億6500万年前の堆積岩に含まれる初期の動物の化石。スケールバーの単位は1センチメートル。

出典：Courtesy of Guy Narbonne, Queen's University

あれば、扇形に見えるものもある。長いものも細いものも、キジの尾羽のように見えるものもある。多くは球根のようなもので、海底の堆積物にみずからを固定して直立し、海流に揺られていた。そうでないものは、堆積岩の表面に貼りつくように広がっていた。しかし、長さや幅にかかわらず、厚さはどれも数ミリメートルで、ほとんどがキルト構造になっている。子どものころにキャンプに持って行った、チューブをつなげたエアマットのようでもある。びっくりするかもしれないが、ほとんどの科学者はこれが既知の最古の動物の化石だと考えている。やがて多様化して地表のいたるところで見られるようになるグループのもっとも古い姿ということだ。

ミステイクン・ポイントの化石の生態、さらにはどのような関係で進化してきたのかを理解しようとするなら、まずは第一原理に従い、保存されているものを綿密に観察するところから始める必要がある。同時に、保存されていないものにも注目しなければならない。

そこで最初に、この奇妙な生物がどうやって炭素とエネルギーを得て、何を糧に生きていたのかを調べてみよう。一見したところ、海藻のように見える生物もいるので、光合成をしていたと思うかもしれないが、実際はそうではない。

ミステイクン・ポイントの生物は、海面から数百メートルの位置に生息していたので、太陽光はとても届かない。現在の深海には、化学エネルギーを使って炭素を固定する共生細菌の力を借りる動物もいるが、この仕組みを使うこともできない。そのような細菌と密接に関わり合いながら生存する動物が繁栄するのは、酸素が含まれる水と含まれない水が交わる場所だからだ。ミステイクン・ポイントの岩石を化学的に分析したところ、そこに生息していた生物は、比較的酸素が多い環境で安定的に生存していたことがわかっている。

残る選択肢は従属栄養生物、つまりほかの種が合成した有機分子を食べて炭素とエネルギーを得ている生物だ。人間やサメ、カニ、イカなどは従属栄養生物だが、これらと比べると、ミステイクン・ポイントの化石にはあるはずのものがないことに気づく。すなわち、口がなく、動き回って獲物を捕まえるための手足もない。発達した消化器官もないように見える。海底や海中を活発に動き回っていたものはなさそうで、あったとしてもごくわずかだろう。そんな生物がどうやって食物を得ていたのか。

ここで比較のため、再び生きている動物に注目してみよう。ただし、森や動物園、自然ドキュメンタリーなどで日々目にしている種ではない。

注目したいのは、センモウヒラムシ（学名：Trichoplax adhaerens）だ。板形動物門というあまり知られていない分類に属する唯一の正式な種である（図25）。世界でも特に小さく（体長数ミリメートル）単純な生物の一つで、一つの個体は主に上の細胞膜と下の細胞膜（皮膜と呼ばれる）、そしてそれに体液といくつかの繊維質の細胞が挟まれてできている。口や手足、肺、エラ、腎臓、消化器官はない。センモウヒラムシの表面に並ぶ細胞は、原生動物のように食物となる粒子を取り込むことができる。また、周囲の水や堆積物に含まれる有機分子を吸収することもできる。必要な酸素は拡散によって得ているので、薄くならざるをえない。

センモウヒラムシについて簡単に説明したが、大きさを除けば、先ほどのミステイクン・ポイントの化石との共通点が多いように思えるはずだ。実際、2010年に、当時大学院生だったエリック・スパーリングとジェイコブ・ヴィンサーが、現存する板形動物はミステイクン・ポイントなどで見つかる化石に残されたさまざまな初期の動物の唯一の生き残りかもしれないという説を発表しているが、私もそれを支持している。図26に示すのは、動物の系統樹を簡単にまとめたものだ。現存するグループに注目すると、動物の最後の共通の祖先から、海綿動物を含む系統と、それ以外のすべてを含む動物という2つの系統が生まれたことがわかる。ミステイクン・ポイントの化石には海綿動物と類似する点もあるが、この地域の生態系で海綿動物が目立っているわけではない。「それ以外のすべて」の側をたどっていくと、板形動物が分かれる2つ目の分岐や、刺胞動物（イソギンチャク、サンゴ虫、クラゲなど）や左右相称動物（昆虫、カタツムリ、人間など、頭や尾、上下左右があるすべての動物）が分かれる分岐がある。この樹系図の論理では、木の根元に近いもののほうが、末端に

25.

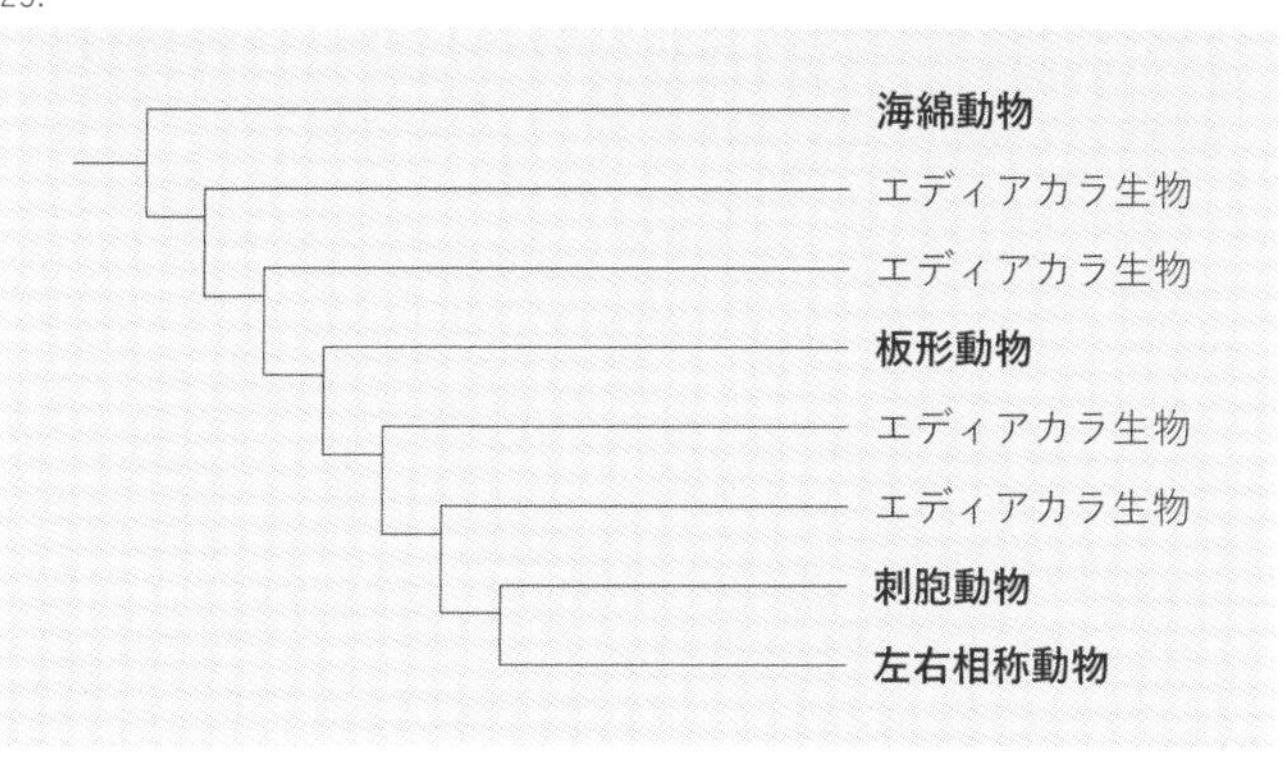

26.

図25および26：センモウヒラムシ（図25）とエディアカラ期および現存する動物との推定される関係を表した進化系統図（図26)。

図25の出典：Courtesy of Mansi Srivastava, Harvard University

あるものよりも古いということになる。ニューファンドランド島の化石と板形動物を比べてみれば、ミステイクン・ポイントの特異な化石は、海綿動物が分岐した後、かつ現在の海で見られる複雑で多様な刺胞動物や左右相称動物が広がる前の、単純な構造の動物が多様化しはじめた状態を反映しているとも考えられる。

ミステイクン・ポイントから出土した化石は、エディアカラ紀のものなので、エディアカラ化石と呼ばれることもある。エディアカラ紀がはじめて国際地質年代に含まれるようになったのは、その直後に来る顕生代が定められてから1世紀以上経った２００４年だ。この２つの時代の境界で、とても重要な２つの出来事が起きた。エディアカラ紀の８億年ほど前から、地球には２度の氷河期が訪れ、極地から赤道まで氷に覆われる「全球凍結」が起きた。当然、この地球最大の氷河期によって生命は大きな影響を受けた。実際に、氷河期前の海に化石として残された多くの藻類や原生動物は、氷河期が終わったあとの堆積岩には見られない。しかし、エディアカラ生物（とすべての生物）の先祖を含め、多くの系統が生き残ったに違いない。では、なぜ地球は深い氷に覆われることになったのか。そしてさらに重要な疑問は、なぜ地球はそこから抜けだすことができたのかだ。

地質学者や気候モデル研究者は、原生代末期の氷河時代の原因について議論を続けている。しかし、岩石に記録されている極端な気象が現れるうえで、炭素サイクルが決定的な役割を果たしたという見解は一致している。全球凍結の原因として有力な仮説の一つに、低緯度の陸地で火山岩が大量に噴出したことが挙げられる。火山岩は風雨にさらされて水に溶ける際の化学反応で大気中のCO_2を大量に消費する。温暖な気候では風化や浸食が早まる。つまり、地球の活動がきっかけとなって赤道付近で温室効果ガスである二酸化炭素の濃度が低くなり、地球が冷えて凍結が始まった可能性があるのだ。1969年、ソ連の気候学者ミハイル・ブディコは、氷が極から赤道に向かって広がるにつれて、空間に反射される太陽光が多くなり、さらに温度が下がって氷床が広がる（そして空間に反射される太陽光はさらに多くなる）という仮説を立てた。するとやがて氷が地球を覆い尽くすことになるはずだ。しかし、数学的にはそう考えられるものの、ブディコの説では決してそうなることはない。なぜなら、一度全球凍結状態になった地球は、そこから逃れることはできなくなるからだ。地質学的には、エディアカラ紀の直前に地球全体が氷に覆われたと考えられる手がかりがある。極から赤道まで、陸地は厚い氷に覆われ、海も海氷で覆われていた。カリブ海全体に南極のような景色が広がっていたと考えてみればいい。しかし、地球が確かに氷の星を脱したことを、我々はみな知っている。

　岩石から得られる証拠から、その数百万年後に氷は急速に消えはじめ、氷河は極地や高山に退縮し、やがて消えていったことがわかる。この巨大な氷床が崩壊したのはなぜだろうか。

ここでも、注目すべきは炭素サイクルだ。地球に氷が広がるとともに、大気中から二酸化炭素を取り除くプロセス（主に陸地の風化と光合成）は鈍化したが、空気中のCO_2を増加させるプロセス（主に火山活動）は続いていた。すると大気中の二酸化炭素が増えていき、やがて温室効果によって氷が溶けはじめるだけのレベルに到達する。そして氷河時代が終わり、エディアカラ紀が始まった。

ミステイクン・ポイントで見られるのは、エディアカラ紀の動物の中でも特に古いものだ。しかし、こういった動物は、オーストラリア（この名称の由来となったエディアカラ・ヒルがある場所）、ロシア、中国、カナダ北西部、カリフォルニア、アフリカといった遠く離れた多くの場所でも見つかっている。いずれもエディアカラ紀後期の海に広く分布していたもので、ニューファンドランド島で見つかった動物によく似ている。平らな楕円形をしたディッキンソニアは、5億6000万年前から5億5000万年前の海底に貼りついていた（図27）。ミステイクン・ポイントの化石とは明らかに違うが、基本的な仕組みは共通している。おそらく体液が詰まった複数のチューブが集まった単純な生物で、食物の粒子を集めて吸収し、拡散で酸素を得ていた。興味深いことに、ロシアの白海の海域で見つかった珍しい標本には、ディッキンソニアが動物であることが確認できる分子の化石が保存されている。

エディアカラ紀の比較的新しい砂岩でよく見つかるのが、シダの葉に似たアルボレアの化

27.

28.

図27および図28：エディアカラ紀の岩石に含まれる動物と移動跡の化石。ディッキンソニア（図27）、アルボレア（図28）。

図27の出典：Courtesy of Alex Liu, University of Cambridge

図28の出典：Courtesy of Frankie Dunn, University of Oxford

石だ（図28）。アルボレアは動物で、浅い海底に体を固定するための円形の部分と、水中に広げる羽毛のような2本の突起がついた円筒形の茎状の体を持っていた。はっきりとわかる口、エラ、消化器官、手足はないが、ディッキンソニアやミステイクン・ポイントの動物と同じようにして食物や酸素を得ていたと考えられる。ただし、アルボレアには一つだけ異なる特徴があった。フランキー・デュンらの綿密な研究によって、それぞれの突起の膨らんだ部分が細い管につながっており、その管が茎の根元まで伸びていたことがわかった。この点と、この化石が複数の構造に分かれていることが多い点から考えると、アルボレアは1つの個体ではなく、群体（コロニー）であった可能性がある。これは驚くべきことではない。なぜなら、進化によって器官が発達した左右相称動物が登場するまでは、群体を形成することが自然界の動物のもっとも複雑な形態だったはずだからだ。群体の例として挙げられるのが、現存する海洋性刺胞動物で、刺されるとひどい腫れを引き起こすカツオノエボシだ。カツオノエボシはクラゲのように見えるが、実際は複数の個体が集まってできた群体で、それぞれの個体が特定の機能を担当できるように発達している。よく目立つ浮き袋は1つの個体で、浮き袋から下に伸びている管状の構造は、それぞれが摂取、生殖、防衛などの固有の機能を持つ個体だ。アルボレアは、この方向に進化しようとした動物の記録かもしれない。

しかし、エディアカラ紀後期のすべての化石がこの型に当てはまるわけではない。キンベレラという小型の化石が最初に見つかったのはオーストラリアだが、よく知られているのは白海の岩石で見つかる保存状態がよいたくさんの標本だ（図29）。体長数センチメートルのキンベレラには、前後、上下、左右があることがはっきりとわかり、動物の系統樹では左右相称動物にあたる。化石から、筋肉のついた足、重なり合った内臓、わずかに模様がついた外皮があったことがわかる。海底についていた古い跡から、キンベレラが移動できたこともわかった。口のまわりについた傷のような跡から、口の中に丈夫な櫛のような器官があり、海底から藻類などの微生物を掻き取って食べていたこともわかった。現在のカタツムリの歯舌のようなものだろう。この時代のほかの砂岩にも、単純な左右相称動物が海底を這って移動した痕跡が残されている（図30）。

エディアカラ紀が終わりに近づいても、さらに進化は続いていく。管状の炭酸カルシウムが初めて見つかったのは、ナミビアにある5億４７００万年前から5億４１００万年前の石灰岩だった。硬い骨を持つ動物が出現したことを示すものだが、これも世界的な現象であることがわかっている（図31）。このような構造を作るにはエネルギーが必要だが、捕食者が増えるにつれて、そのコストから生存という計り知れない対価を得られるようになった。エディアカラ紀が終わるころには、動物はかなり多様化して奇妙な姿になっていたが、私たちが見慣れた動物はまだ誕生してはいなかった。

図29から31：エディアカラ紀の岩石に含まれる動物と移動跡の化石。
キンベレラ（図29）、足を持つ初期の左右相称動物の移動跡（図30）、
ミネラル分を含む骨格を持つ初期の動物（図31）。

図29の出典：Courtesy of Mikhail Fedonkin, Geological Institute, Russian Academy of Sciences
図30および図31の出典：Courtesy of Shuhai Xiao, Virginia Tech

29.

30.

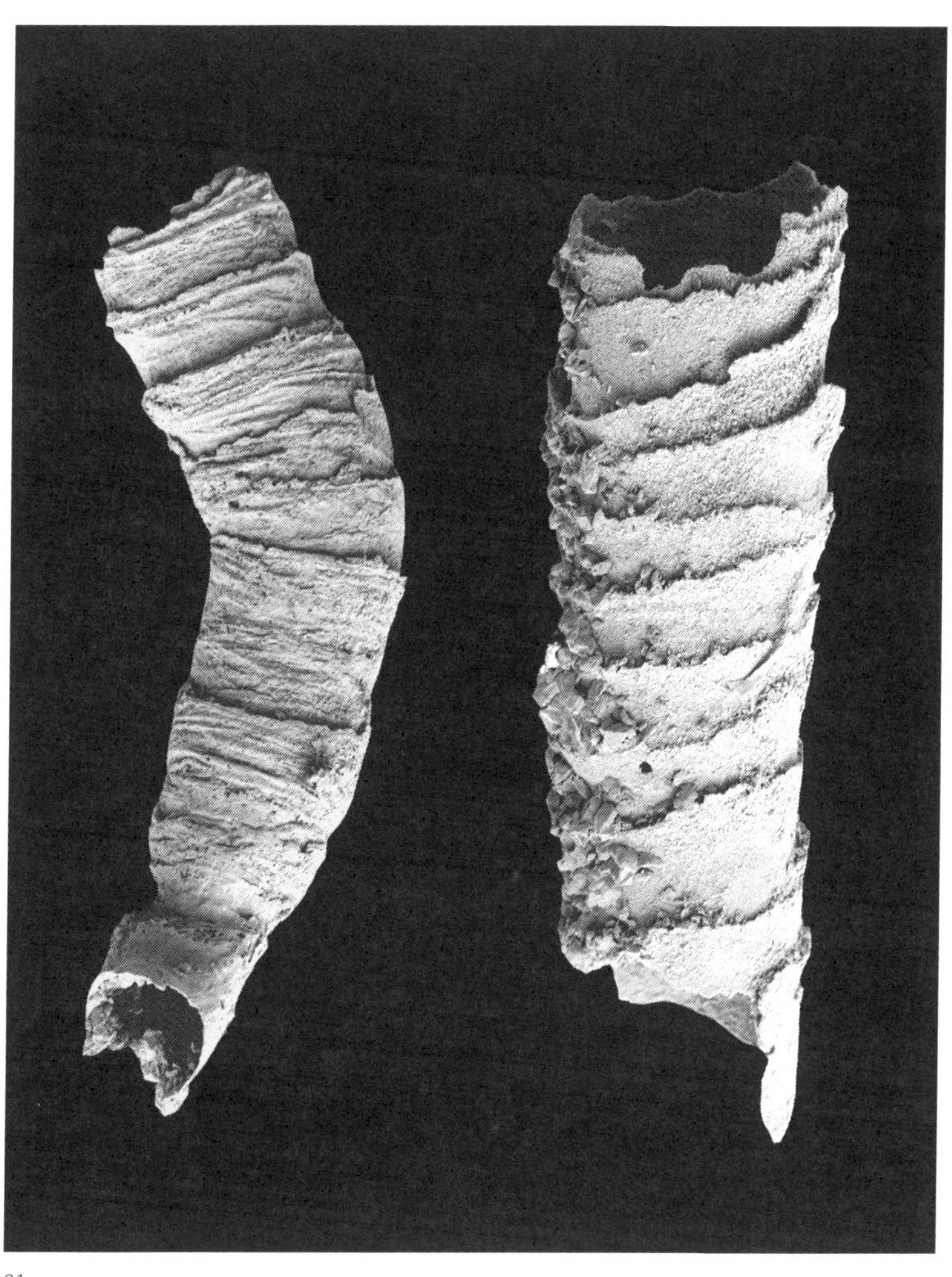

31.

動物たちがエディアカラ紀の海に広がるとともに、その周辺の世界も変化し、現在の生物圏の土台が作られていった。原生代のほとんどは、大気中や海水面のO_2のレベルが低く、おそらく現在の1パーセントにも満たない時代だったことはすでに述べた。海中の一部の場所など、酸素が少ない環境は現在も存在するが、そこにも動物は存在する。ただし、ほとんどは微小（最大でも体長数百ミクロン、幅数十ミクロン）で化石には残りにくい。この先主役に躍り出ることになる肉食動物など、活発で多様な大型動物が登場するのは、酸素レベルがもっと高くなってからだ。この時代の動物の化石を俯瞰すれば、エディアカラ紀に地球の海で大きな環境の変化が起きたことがわかる。現在のように豊かな酸素がある星になるための長いプロセスが始まったのはこのころだ。そのことは、さまざまな研究室で行われている膨大な化学分析によって示されている。

動物が大型化して酸素の量が増えるにつれて、光合成を行う生物相にも変化が起きはじめた。30億年以上の間、光合成を行っていたのはほぼ細菌だけだったが、化石や残された脂質から、このころ海の生態系において藻類が頭角を現しはじめたことがわかっている。いわば動物、藻類、空気が一斉に変化をはじめたわけだが、なぜそのようなことが起こったのだろうか。その理由は、エディアカラ紀の大規模な造山運動によって、海の栄養素が増加したためだと考えられる。現在の海でも、養分が少ない場所では、シアノバクテリアは重要なプランクトンの一つでありつづけている。しかし、養分のレベルが高い場所では、真核生物である藻類が優勢になる。同じことがエディアカラ紀にも起きていた可能性がある。養分が多ければ、藻類が多様化して光合成が活発になる。光合成が増えれば、食料や酸素が増える。そのようにして、生命が誕生して30億年以上が経ってはじめて、活発な大型動物が生息できる環境が整った。

バージェス頁岩

氷がエディアカラ紀を下から束縛していたとすれば、エディアカラ紀を上から形作ったのは進化だ。その証拠を確認するには、ニューファンドランド島の西端から4500キロほどの場所にあるフィールドという小さな町を訪ねる必要がある。この町はカナダのブリティッシュコロンビア州にある世界的景勝地、レイク・ルイーズの西にある。谷を見下ろす山腹の小さな石切場には、古生物学者が注目する黒っぽい頁岩（けつがん）（シェール）がある。この光沢のある頁岩の表面には、動物（とわずかな藻類）が細かい構造までよくわかるほどよい状態で保存されていることがある。この鉱物はバージェス頁岩と呼ばれ、5億1000万年前から5億500万年前の泥が堆積したものだ。それが嵐や地震によって、急斜面を滑り落ち、深い海底に蓄積していった。この泥に埋もれたたくさんの生物たちは、腐敗したり微生物に食べられたりすることなく保存されたため、通常の化石に見られるミネラル分を含む骨格だけでなく、そうでない甲皮、手足、エラ、消化管、さらに神経節まで並んでいるのが確認できる。まるで古代の解剖学の教科書のようだ。

　それはいったいどんな生物だったのか（図32〜34）。カンブリア紀（5億4100万年から4億8500万年前）は、私たちにとっておなじみのたくさんの動物の化石が多く見つかる初めての時代だ。ミネラル分を含む殻や骨格を持つカンブリア紀の動物としてよく見つかるのは、三葉虫（さんようちゅう）という絶滅した節足動物だ。

　三葉虫は複数の節でできたたくさんの足がある生物で、カンブリア紀の岩石から見つかる化石の75パーセントほどを占めている。三葉虫の化石はバージェスからもよく見つかるが（図32）、バージェスの化石は多様で、節足動物は全体の3分の1に過ぎない。また、ほとんどの節足動物も三葉虫ではなく、奇妙な形状をした動物たちだ。こういった動物は外骨格にミネラル分を蓄えていないので、めったに保存されない。よく見つかるのは海綿動物で、経験を積んだ生物学者なら、軟体動物（カタツムリ、貝、イカ）、多毛類、鰓曳（えらひき）動物などのさまざまな左右相称動物の痕跡を見つけることができる。人間などが属する脊椎（せきつい）動物に近い種まで見つかることもある。中国、グリーンランド、オーストラリアの地層も、5億2000

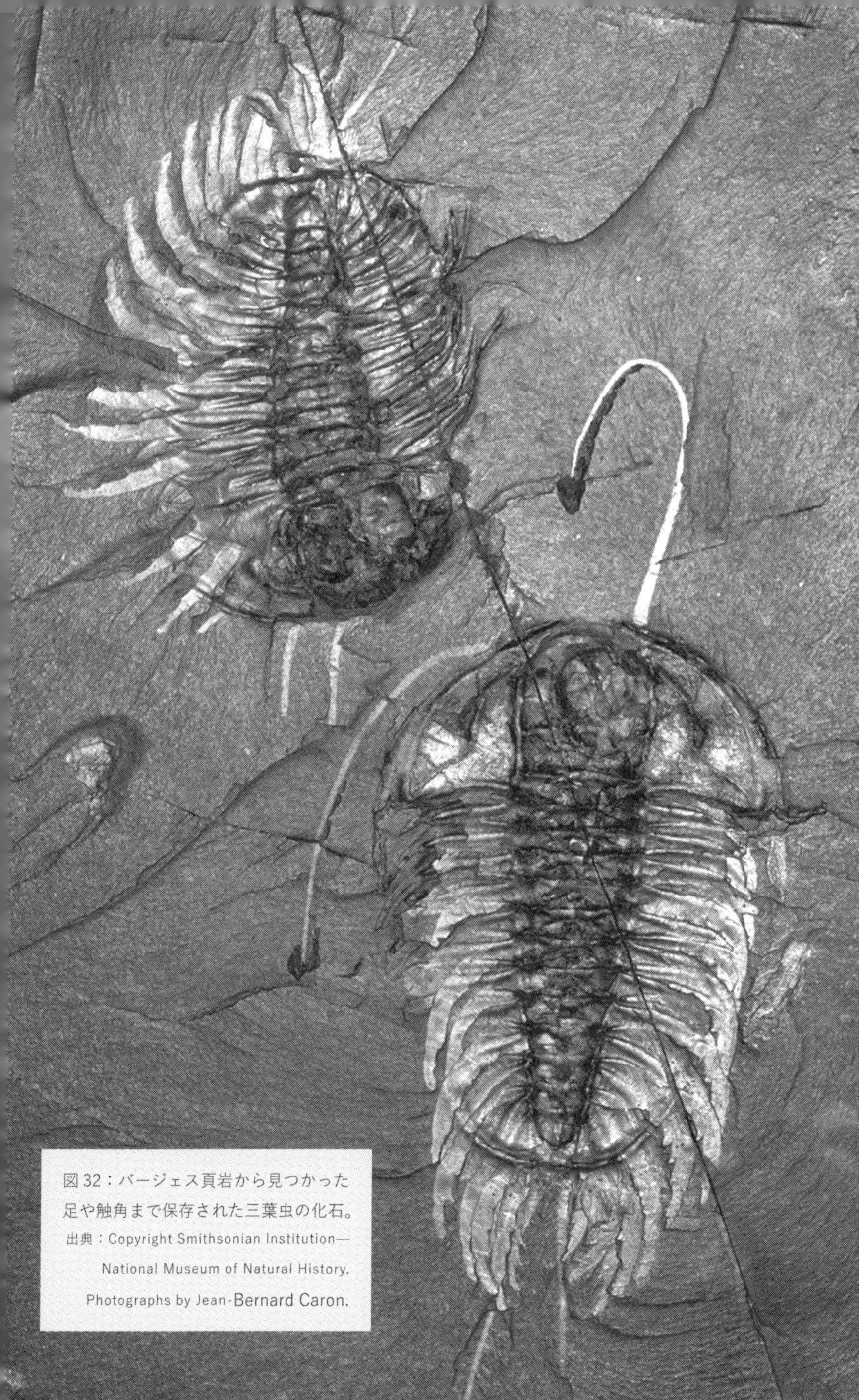

図32：バージェス頁岩から見つかった足や触角まで保存された三葉虫の化石。
出典：Copyright Smithsonian Institution—National Museum of Natural History. Photographs by Jean-Bernard Caron.

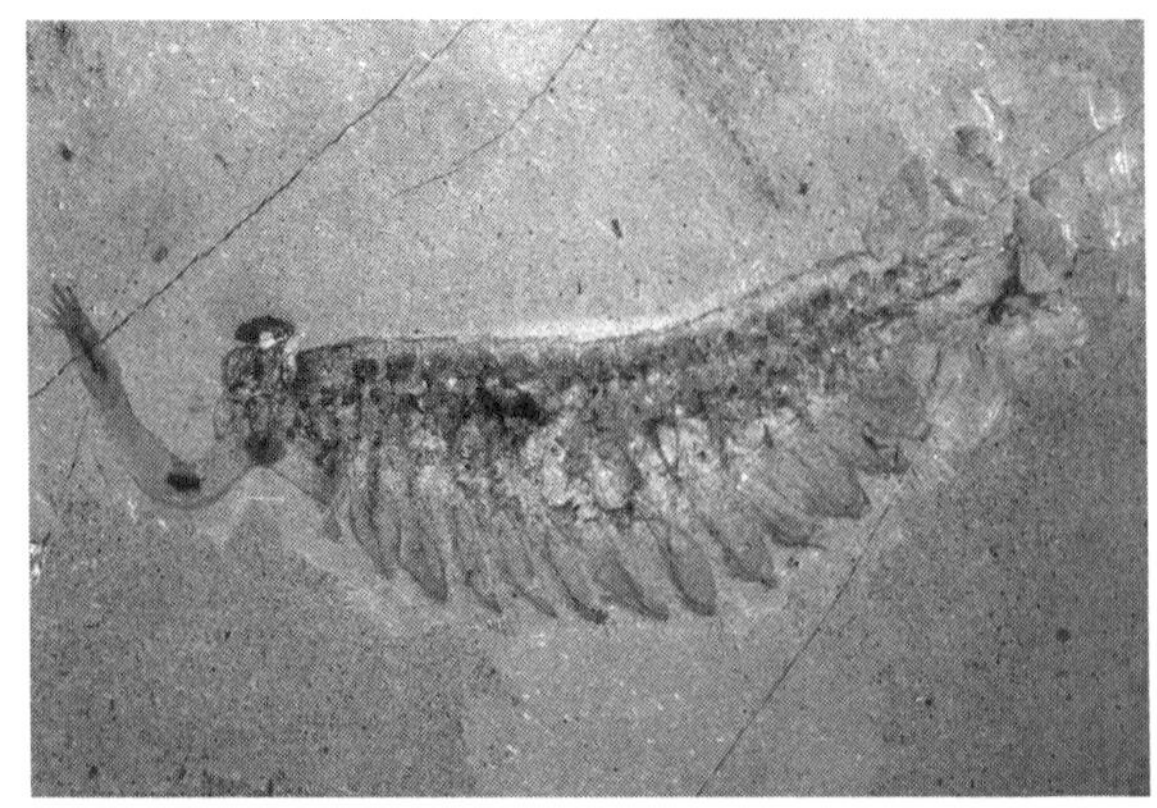

33.

34.

図33および34：バージェス頁岩から見つかった節足動物の親戚で絶滅したオパビニア（図33）。剛毛を持つことがわかる多毛類の動物（図34）。

出典：Copyright Smithsonian Institution—National Museum of Natural History. Photographs by Jean-Bernard Caron.

万年以上前の生物の様子を見せてくれる。

エディアカラ紀とカンブリア紀の化石に見られる生物学的特徴は明らかに異なる。これは生物の進化を反映したものなのか、それとも保存状態や環境の偏りのせいなのか。後者の考え方は否定できることがわかっている。まず、中国に5億5000万年前ごろのバージェス頁岩と同じような保存状態の頁岩があり、そこからエディアカラ紀の多様な生物を概観できる。そこで見られるのは、たくさんの海藻だ。動物と考えられるものも多少存在するが、節足動物や軟体動物などの複雑な左右相称動物は見つからない。移動跡の化石からも同じことが言える。移動する動物は移動跡や巣穴という形で痕跡を残すので、そこから動物の構造や行動を推定できる。エディアカラ紀後期の岩石から見つかる移動跡はほとんどが単純なもので、カンブリア紀の砂岩や頁岩に残された複雑な移動跡や巣穴は見当たらない。ミネラル分を含む骨格はエディアカラ紀後期の岩石にも見られるが、形状は単純で多様性も限られており、カンブリア紀に見られるさまざまな骨格とはとても比べものにはならない。

ミステイクン・ポイントとバージェスの生物相の違いが、動物が著しく多様化を遂げた時代を表していることは明らかだ。この過程はカンブリア爆発と呼ばれている。そう、カンブリア紀の化石は新たな生物圏の登場を記録しているのだ。それは30億年にわたる進化の頂点であり、それまでとは大きく異なる新たな出発点でもある。カンブリア紀の化石を詳しく調べてみると、現存する動物との違いや共通点が見えてくる。故スティーヴン・ジェイ・グールドのベストセラー『ワンダフル・ライフ』（邦訳：早川書房）はこの違いに注目し、バージェスの動物を、「絶滅した体の構造が記録された奇妙な動物たち」と表現している。とくにおもしろいのがオパビニアだ。体長4センチから7センチほどの小さな生物で、5つの目と、末端に爪のようなものがついた長くしなやかな吻（ふん）があった（図33）。確かに奇妙な動物だが、まったく見たことがないものかと言えば、そうではないだろう。奇妙な特徴はあるものの、オパビニアの体は複数の節に分かれ、有機物でできた硬い外骨格もあり、節足動物によく似ている。カンブリア紀の岩石から見つかるその他の化石でも、奇妙な特徴とおなじみの特徴が組み合わさっている。そういった特徴をすべて合わせると、現在の節足動物の体組織がどのようにして生まれてきたのかがわかる。つまり、カンブリア紀の化石を通して見るなら、現存する節足動物はさまざまなカンブリア紀の系統の生き残り、それも大成功を収めた種だと考えることができる。そして、節足動物について言えることは、他の動物にも当てはまる。カンブリア紀の化石は、動物の体の構造が形作られる過程にある一瞬を写した写真のようなものだ。

カンブリア紀はその過程を表すものとして際立っている。カンブリア紀には、エディアカラ紀に起きた大きな飛躍が継続したばかりか、加速した。しかし、現在の生物圏がカンブリア紀に完全にできあがっていたわけではない。化石には多様な動物の体の構造がそのまま保存されているが、種の数は少なく、完全に現在の形態になっているものは多くなかった。多くの動物が進化してミネラル分で骨格を丈夫にし、急速に多様化する捕食者から身を守ろうとした。しかし、カンブリア紀の石灰岩のほとんどは、炭酸カルシウムが物理的にまたは微生物によって沈殿したものだ（現在、海に堆積するほとんどの石灰岩は、生物の骨格に由来する）。浅い海底に点在する礁は主に微生物によって作られたが、化石から、そういった構造の中や周辺に動物が生息していたことがわかっている。海藻はかなりよく見られたが、動物と同じように、種類はさほど多くなかった。そのことは、藻類の化石からわかっている。空気中や海中の酸素の量は増えてはいたが、依然として現在のレベルの半分以下で、深海の水には酸素が含まれていなかった。

また、複数の系列の証拠から、カンブリア紀の気候は現在よりも温暖だったことがわかっている。全球凍結による長い寒冷化の時代を経て、実際に温室のような気候になっていた。カンブリア紀の海を泳げたなら、海中にいるたくさんの動物が獲物を捕まえようとしたり、そこから逃れようとしたりする姿に圧倒されるはずだ。しかし同時に、種においても個体においても、見慣れぬ姿と見慣れた姿が入り混じっていることに驚くことだろう。それを考えると、古代エジプトの寺院にある浅浮き彫りを思いだす。どうしても現在の視点で解釈したくなるが、おそらくそれでは本質は見抜けない。

海洋生物多様化の原因

何年も前のことだが、カンブリア紀に続くオルドビス紀（4億8500万年前から4億4400万年前）の生命や環境が記録された石灰岩の厚い地層面の間を歩くというすばらしい機会に恵まれたことがある。層の下部近くの岩石はカンブリア紀に近いように見え、化石の数も少なく、三葉虫以外のほとんどの生物の多様性は限られている。しかし、オルドビス紀の記録をたどりながら上に向かうと、徐々に岩石が変わりはじめる。さまざまな三葉虫が見つかる点は変わらないものの、ほかの骨の化石も多く見られるようになる。

この新たな世界を垣間見ることができる場所がある。インディアナ州リッチモンドは、シンシナティの北西にある小さな町で、アーラム・カレッジという大学がある場所として知られている。町の周辺にある田舎道を走ってみると、道路沿いの重機で切り開かれた地形に、多くの化石が含まれたオルドビス紀後期（4億5000万年前から4億4500万年前ごろ）の石灰岩や頁岩が見える。こういった化石には見慣れない特徴はなく、貝、カタツムリ、頭足動物（イカやタコが属する生物群）、サンゴ虫、コケムシ、腕足動物、ウミユリなどの骨格であることがわかる。このような動物の骨が海底から積みあがり、ところどころに礁ができていた。フロリダキーズやバハマの海に潜ると見ることができるものとほぼそっくりだ。この年代の岩石には、新たな門に分類できる体の構造を持った生物は見られないが、種の多様性は大幅に（ある推定によれば10倍近くまで）増加している。そして、浅い海底で形成される石灰岩の主成分に、初めて骨が含まれるようになる。

この海洋動物の多様化の第3段階が起きた原因として、さまざまな説が挙げられている。海の温度が下がった化学的証拠があり、動物に有利な生態系に向かったとする地質学者もいる。酸素レベルが増加して動物の多様化がさらに進んだとする説も、捕食圧が強くなったことで強い骨格を持つ動物や藻類が多様になったとする生態学的理由を挙げる説もある。

こういった説はすべて正しいのかもしれないが、すべて完全ではない。繰り返すが、生物圏での物理的、生物的な過程は独立して作用するわけではない。地球寒冷化が起きた証拠は確かなので、造山運動が活発化して風化によって大気からCO_2が減少したのかもしれない。冷たい水のほうが温かい水よりも多くの酸素が溶けるので、オルドビス紀の寒冷化によって、大気中のO_2は変わらなくとも、浅い海底で動物が使える酸素は増えたはずだ。捕食活動は多くのエネルギーを消費するため、一般的に捕食動物はほかの動物よりも多くの酸素を必要とする。

どの説が正しかろうと、オルドビス紀後期の海には多くの動物で満ちていた。絶滅したサンゴ虫、今では見ることができない巨大なコケムシ、ミネラル分の豊富な海綿動物が礁を作り、それがさまざまな捕食動物や腐食動物に食料や住処を提供していた。最大で体長3・5メートルにもなる円錐形をしたイカのような動物や、ヒレや尾はあるが顎はない魚などだ。地球寒冷化のピークの時期には、短いが確かな氷河時代が訪れた。その証拠は、現在の南半球の氷河性岩石に残されている。ほかにも起こったことがある。その氷河が崩壊するころには、全動物の70パーセントにあたる種が姿を消していた。

6

植物と地球

植物と動物の世界

植生レッドライン

1991年、モスクワで古いアエロフロートのジェット機に乗った。目的地は東へ4900キロメートルほど先、シベリアの都市ヤクーツクだった。8時間におよぶフライトのほとんどの時間、私は窓の外ばかり見つめていた。果てしなく広がる森林を阻むものは、北極海に向かって蛇行しながら流れる銀色の糸のような川だけだった。三葉虫の進化が始まったカンブリア紀にここと同じ場所を飛んだとしても、見えたのはむきだしの岩ばかりだったはずだ。その岩のところどころには、汚泥のような微生物の集まりが付着している。このシベリアの景色に見られた緑色の物質は、もう一つの生物の革新、すなわち複雑な多細胞生物が陸地に住み着いたことを表している。

おそらく、微生物が陸上に根づいたのは、地球の歴史の早い時期だろう。しかし、複雑な陸上生態系に食料と物理的構造をもたらし、世界を変化させたのは植物だ。現在の陸上植物は、地球上の全生物の約80パーセントを占めると推測されている。40万種ほどのその植物が、地球の光合成の半分を行っている。実際、地球は宇宙から見てもはっきりそれとわかるすばらしい緑色の衣を羽織っている。1990年に木星に向かったNASAのガリレオ探査機は、機械の目で遠い地球を観測し、地球が反射した光には、はっきりとわかる近赤外線のピークがあることを明かした。植生レッドラインと呼ばれるこの信号が現れるのは、陸上の植生には、届く可視光線を強力に吸収し、赤外線の波長を宇宙に跳ね返すという性質があるからだ。生まれたばかりの地球を訪れたとしても、このような状態は観測できなかったはずだ。

動物は古代の海で生まれたが、今は陸上で多様な進化を遂げており、昆虫だけでもすべての海洋動物を上回る種がある。土壌には未だ記録されていない菌類がたくさん生息している。無数の原生動物や細菌は、それまで水中で続けてきたのと同じように、陸上でも炭素や窒素、硫黄といった元素を循環させている。

私たちにとっておなじみの平地や森林、バッタやウサギの世界は、地球の歴史のわずか1割の間で大陸や島が驚くべき変化を遂げたものだ。この緑の世界はどのようにして生まれたのか。そしてそれは地球にどのような影響を与えることになったのだろうか。

リニー・チャート

1912年、生業は医者であるウィリアム・マッキーという人物がスコットランドの地質を調査しているときに、リニーと呼ばれる村を通りかかった。リニーはアバディーンの北西

50キロ弱、ゆるやかな起伏のある田園地帯にあり、地質学的に注目されるような岩石はほとんどない。しかしマッキーは、畑を囲っている塀の中に珍しい石があることに気づき、立ち止まって詳しく調べてみた。その石はチャート（SiO_2）でできており、ざっと見ただけでも茎の化石のように見えるものがある。成長の過程が保存されているものもあった。マッキーが見つけたのは、リニー・チャートだった。これはいわば、古生物学者にとってのバージェス頁岩だ。４億７００万年前に、現在のイエローストーンやニュージーランドの北島にあるような温泉やその周辺に堆積したもので、進化が始まって間もないころの陸上の生態系についてさまざまなことがよくわかる。

　まちがいなくリニーの主役である植物は、これから見ていくように、無数の生命体と同じ舞台に立っている。多くの細胞生物学や分子生物学的な特徴に鑑みれば、陸上植物が淡水に生息する緑藻類から進化したことは明らかだ。

　しかし、川や池から乾燥した陸地へ向かう進化の旅には、相当の困難が伴う。たとえば、干からびてしまわないための工夫、体を支える構造、資源を取得する方法などが求められる。水に囲まれているときは、光合成を行う生命体が干からびてしまう心配はないが、陸上では細胞から水蒸気が蒸発しつづける。そのため、淡水性の植物を陸地に上げれば、すぐにしおれて死んでしまう。つまり、陸上で光合成を行うには、生きている組織からの蒸発を遅らせる手段が必要になる。

また、水生の藻類は、水自体が体を支えてくれるので、特殊な組織がなくても湖や川の底で直立状態を保つことができる。しかし陸上にある空気は体を支えてはくれないため、別の方法で姿勢を保つ必要がある。さらに、湖や川の中ならまわりの水から栄養を吸収できるが、陸上では土から栄養を取得して細胞が成長する場所まで運ばなければならない。

ありがたいことに、植物が陸に上がるために必要だったのは、ほぼ構造的な進化だけだった。それがどのような構造であるかは、現存する植物を見ればわかるし、化石にも保存されている。

リニーの景色にいっぱいに広がっていたであろう初期の植物をリニアという。リニアは鉛筆くらいの大きさで、光合成を行うむきだしの軸と地面に沿って伸びるイチゴのような匍匐茎があり、最大で高さ20センチほどになる枝が垂直に伸びることもあった（図35）。

リニアの軸は、クチクラ（角皮）と呼ばれる蝋と脂肪酸でできた薄い外皮に覆われていた。現存する植物と同じように、クチクラは細胞から水蒸気が外部に逃げださないようにする役目を持つ。しかし、光合成を行うときに、二酸化炭素が拡散して植物に入り込まないようにするという役割もある。

また、現存する植物と同じように、リニアも見事な方法を使って、取り込むCO$_2$と失わ

図 35：スコットランドにある 4 億 700 万年前のリニー・チャートで見つかった単純な植物の化石。

出典：Courtesy of Alex Brasier, University of Aberdeen

れる水分とのバランスをとっている。リニアの表面には気孔というたくさんの小さな穴があり、水分が少なくなると周囲の細胞が膨らんで穴を塞ぎ、そうでないときは縮んで穴を開放し、二酸化炭素を取り込む。リニーの化石には、陸上植物にとって欠かせないクチクラと気孔が保存されている。

陸上で光合成を行えば、水分が失われることは避けられない。そのため、周囲から水を吸収してそれを運ぶ仕組みが必要になる。陸上の生態系では、水は窒素やリンといった栄養素とともに主に土壌中に存在する。生きた植物は根を発達させ、指のような細い突起を地中に広げて、水と栄養素の両方を取り入れている。

実際には、ほとんどの植物で、根と共生している菌類が栄養素を取り入れる作業の多くを担っている。リニーの植物の根はそこまで発達していなかったので、「仮根」と呼ばれる薄い繊維状の物質を使って体を地面に固定し、水を吸収していた。しかし、4億年以上前の陸上植物はすでに菌類と共生しており、食べものの提供を引き換えにして栄養分を得ていたことが化石からわかっている。この共生関係がなければ、地球の緑の革命は起こらなかったかもしれない。

植物は最終的に、地面から取り込んだ水や栄養分を上に運び、光合成で作った食物を体中に行き渡らせる必要がある。これを行うのが、維管束系と呼ばれる特殊な組織だ。同時に、導水性の細胞が植物の軸を構造的に支えることができる厚い壁を持つようになった。リニアの断面を見ると、軸の中心にそって円筒形の細い維管束組織が上に伸びていることがわかる（図36）。

直立するリニアの軸の末端には、繁殖のための胞子が入った細長い袋のようなものがついていた。胞子は水中を泳いで移動できるので、比較的簡単に生息域を広げることができた。ただし陸上では、胞子は風によって運ばれることになるため、乾燥した状態になる。現在のシダの胞子や花粉粒のように、リニアの胞子もスポロポレニンという複雑な重合体で覆われていた。これが水分の喪失を防ぎつつ、有害な紫外線放射から身を守る「サングラス」のような役目を果たした。つまり、リニアをはじめとするリニーの植物の総合的な構造は、現在の植物によく似ている。ただし、葉、大きな根、幹、種はなく、こういったものが生まれるのはこれからだ。バージェスに動物の進化過程が保存されていたように、リニー・チャートには光合成のパイオニアが植物になる過程が保存されている。

リニーからは十数種類の動物も見つかっている。１つの線虫を除けば、すべて節足動物だ。この小さな線虫は、地球でもっとも数の多い動物であるとともに、もっとも珍しい化石でもある。初期の植物と同じように、新興の動物たちにも、陸上で乾燥を避け、体重を支える仕組みが必要だった。有機物でできた節足動物の外骨格には蝋状の皮膜があり、それによって

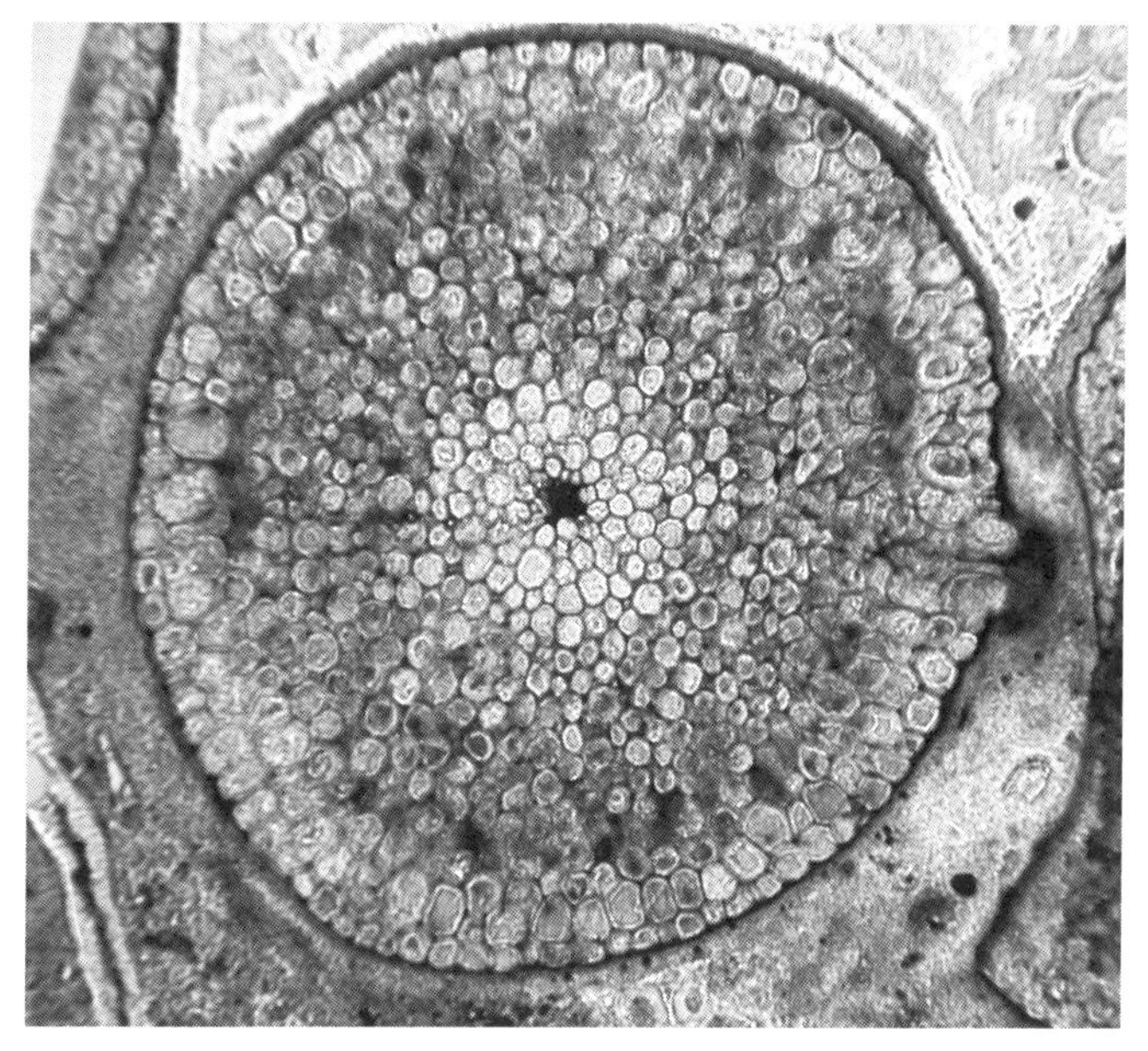

図 36：リニー・チャートで見つかった単純な植物化石の茎断面図。

出典：Courtesy of Hans Steur

水分を保護できた。また、関節と筋肉がついた足は、もともとは海で進化した器官だ。これが陸上で体を支え、移動するための確かな手段となる。酸素をどのように取り入れるかも問題だ。水中で機能していたエラは空気中で使うことはできない。多くのサソリやクモは、書肺（空気に触れる部分ができる限り多くなるように複雑に折りたたまれた組織）を使って呼吸する。空気中の酸素を拡散によって血液に似た体液に取り入れ、その体液がO_2を体中に運ぶ。書肺は水生生物のエラがもとになっているものと考えられる。

リニーの岩石からは、既知の最古の昆虫も見つかっている。多様性という点で動物の世界に君臨することになる種のはじまりだ。さまざまな菌類も見つかっている。死んだ植物を食べるものも、生きた植物と共生するものもあった（図37）。さらに、19世紀のアイルランドで流行したジャガイモの葉枯れ病の原因となった卵菌という菌類に似た微生物や、細胞のまわりに壺のような有機物の種皮を作るアメーバ、さらに緑藻類やシアノバクテリアも見つかっている。要するに、リニーの化石が示しているのは、4億年前の陸上の生態系には現在の生態系の構造や多様性の基礎が備わっていたということだ。それよりも古い化石片からは、リニーの5000万年前ごろには、もう陸生植物の初期の祖先が陸に上がっていたことがわかっている。また、リニーから5000万年ほど時計を進めると、葉や根、幹、種が生まれ、植物は驚くような進化を遂げる。この時点で、最後の数本を除いた進化の系統がそろうこと

図 37：リニー・チャートから見つかった菌類（矢印部分）。リニーの植物の組織に付着しているのがわかる。リニーでは他にも藻類、原生動物、微生物などの最初期の陸上の生態系を垣間見ることができる。こういった生物は、陸上または浅い池に生息していた。

出典 Courtesy of Paleobotany Group, University of Münster

になる。

シーラカンスとハイギョ

私たちの先祖である脊椎動物が登場したのは、かなり遅い時期だ。4本の足を持つ陸生脊椎動物（四肢動物）は、明らかに魚の子孫であり、その多様化は海で起きたカンブリア爆発から始まった。実際に、比較生物学や分子配列解析から、四肢脊椎動物は肉鰭類（にくきるい）と呼ばれるグループの魚にとても近いことがわかっている。

マグロやマスなど、ほとんどの骨のある魚には、細長い骨によって支えられたヒレがあり、その骨が体につながった複数の小骨から扇状に広がっている。それとは異なり、肉鰭類の魚には2つの肉質のヒレがあり、それが1つの骨で体につながっている。その他の骨の構造は、四肢動物の足の骨とは異なる。なお、肉鰭類の魚でもっとも有名なシーラカンスは、陸生脊椎動物に非常に近いわけではない。シーラカンスは化石でよく見つかるが、6600万年以上前の化石からしか見つからないため、そのころに絶滅したと考えられていた。しかし、1938年に南アフリカ沖で漁をしていた漁師が生きたシーラカンスを見つけ、絶滅したという結論に至るのは時期尚早だと考えられることになった。別の種も、インドネシアのスラウエシ島近くの海域から見つかった。肉質のヒレは陸生脊椎動物に近いしるしであり、シーラカンスは間違いなくそれを持っているが、シーラカンスは水中で生活する魚であることも間違いない。

四肢動物にさらに近いのがハイギョだ。いくつかの種類の淡水魚は、肉質のヒレがあるだけでなく、浮き袋が進化した原始的な肺を使って呼吸できる。浮き袋は魚が持つ器官で、浮力を保つだけでなく、心臓に酸素を供給する役割も持つ。ハイギョは魚と認識されているが、明らかに陸上での生活に適応した姿をしており、エラだけで呼吸する能力を維持している種は1つしかない。ただし、魚と四肢動物の形状は大きく異なる。植物と同じように、脊椎動物にも陸上で生活するための進化が必要だった。空気から酸素を取り入れる肺は言うまでもなく、陸上の環境で食べたり、呼吸したり、移動したりできるように、頭蓋骨、胸郭、手足の構造を変化させることも必要だった。

魚は主に口から吸い込むことで食事をし、水を飲みこんでエラを通過させることで酸素を得ている。そのため、魚の頭蓋骨は複雑だが柔軟な構造になっている。陸生脊椎動物は、歯を使ってものを食べ、空気呼吸で酸素を得る。そのため、噛んだり空気を取り入れたりしやすいように、頭蓋骨が強く硬い構造に変化している。この変化により、口やのどで音を出せるようになり、それが長期的な行動に影響を与えるようになった。胸郭も呼吸に対応するように進化した。背骨から長い骨が延びるような形になり、肺の伸縮に必要な筋肉を支えられるようになった。さらに、魚の肩の骨は頭蓋骨とつながっており、水中で動きやすいスリムな体を維持している。大部分の推進力を生みだしているのは、体や尾の筋肉だ。陸生脊椎動物には、構造を支えるうえでも、移動するうえでも、はっきりと分かれた骨盤と肩、それにつながる四肢や筋肉が必要になる。肩と頭蓋骨も、首によって明確に隔てられた。

驚くべきことに、約3億8000万年前から3億6000万年前の一連の化石には、この変化過程が見事に記録されている。進化論を疑う人のなかには、化石には進化の中間状態が保存されているわけではないと主張する者もいるが、それはティクターリク（図38）を見たことがない人々だ。ティクターリクは、カナダ北極圏の3億7500万年前ごろの岩石から見つかった化石で、肉鰭類の魚に近い体を持ち、エラで呼吸し、鱗で覆われていたが、ワニのような平らな頭蓋骨を持っていた。肉質のヒレの骨は、肘や手首を思わせるように変化していた。肩と頭蓋骨は首によって隔たれており、足を使って移動したり、体を支えたりするために必要な筋肉もあったようだ。頭蓋骨の特徴から、現在のハイギョのように肺を使って空気呼吸できたものと考えられる。

では、ティクターリクは魚なのか、それとも四肢動物なのか。答えを出すのは簡単ではなく、それこそが重要な点だ。このようなすばらしい化石は、水から陸への移り変わりの様子

図38：3億7500万年前のティクターリクの化石（下はその再現模型）。魚と陸生脊椎動物の中間となる特徴を持つ。

出典：Courtesy of Neil Shubin, University of Chicago

と、さまざまな時間軸で起きたさまざまな機能の進化を記録している。ティクターリクはまだ水生の動物だったが、浅い水域やその付近の陸地で、ヒレを足のように使って自分の体を支え、動き回ることができたはずだ。空気呼吸をして顎で獲物を捕まえることもできただろう。堆積岩の表面に残された移動跡の化石も、デボン紀後期には脊椎動物が陸地で生活しはじめていたことを示すもう一つの証拠だ。

生命、陸に進出す

カンブリア紀に海洋生物が多様化しはじめたころ、地球全体にわたって陸地に大きな変化が起きていた。ただし、マントルの上昇流によって原生代後期の超大陸は分断されたものの、地球は球体なので一回りすればもとの場所に戻ってくる。そのため、リニーの時代には大陸が再び集まりはじめ、パンゲアという超大陸ができていた。陸塊は数百万年にもわたって衝突し、山々を現在のような形になるまでゆっくりと押しあげていった。その断層や褶曲は、石切場や切り通しの道路などで見ることができる。パンゲアが完全な形になったのは約3億年前だが、マントルの対流は続くため、大陸の移動は続き、1億7500万年前には再び分断されることになった（第2章を参照）。

では、生命が陸に進出したことで、地球はどのような影響を受けたのだろうか。影響を受けたものの一つが土壌だ。あまり考えることはないかもしれないが、土壌について考えてみるなら、それは物理的に変化した地表面だということができる。土壌こそ、人間にとってもっとも偉大な資源かもしれない。ここでも土壌は物理的過程と生物的過程との相互作用を反映しており、化学的風化だけでなく、根や菌類、埋もれた植物の残骸や地中に住む虫によって作られる。実際、土壌形成の主な物理的要因となっているのは化学的風化だが、それ自体、根が有機酸を放出しながら地中に入り込むことによって促進される。つまり、地上の生態系の発展と、肥沃な土壌の形成は切っても切れない関係にある。

クチクラ、リグニン、スポロポレニンといった植物が合成する生体分子は、細菌による腐食を防ぐので、堆積物に埋もれると保存されやすくなる。この炭素循環の新たな要素から、2つの結果がもたらされたはずだ。光合成で生成される有機物が埋もれることで、大気中のCO_2から堆積物中の有機分子への炭素の移動が増え、地球は寒冷化したはずだ。さらに、地中の有機炭素は酸素を使わずに呼吸するので、埋もれる有機物が増えると大気中のO_2レベルは増加するはずだ。この予測に違わず、初期の陸上植物の進化とともに、大気中の酸素がついに現在と同じくらいのレベルに達し、深海までO_2が行き渡った。それを示す4つの系統の化学的証拠がある。デボン紀の終わりごろには、再び氷が大陸を覆いはじめた。この氷はその後の石炭紀に急拡大し、南半球の大陸全体に広がった。古生代後期に一つの大陸を形成していた南アフリカ、南米、インド、オーストラリア、南極の堆積物には、その証拠が残されている。

極地は氷で覆われ、赤道付近の低地や当時の北米、ヨーロッパ、そして中国の一部には湿地帯が広がっていた。産業革命を支え、地球の温暖化を促進している石炭の多くは、この古代の湿地帯に埋もれた植物の残骸から生まれた。生物学的に見れば、このころは巨大生物の時代だ。恐竜はまだ登場しないが、翼幅が最大70センチにもなるトンボや、体長2メートルのヤスデなどがいた。現在のスギナは15種しか存在せず、ほとんどが小さな植物だが、このころは高さ10メートルを超えるものもあった。また、現在はわずかな地面を覆うにすぎないヒカゲノカズラも、石炭紀の熱帯地方の湿地帯では高さ30メートルに達した。ウェストバージニア州、ケンタッキー州、イリノイ州の石炭のほとんどは、こういった絶滅した巨大植物の残骸が圧縮されたものだ。シダ植物や種子植物も多様化したが、現在の針葉樹の先祖を含め、ほとんどの種は絶滅した。ただし、この時代の湿地帯は長続きすることはなかった。古生代後期の大陸の衝突によって山々が隆起したことで、大気や海洋の循環パターンが変わり、湿地帯は干上がってそこで暮らしていた種も滅びた。しかし、植物と四肢動物の両方の世界で、新しい生態系が生まれつつあった。その一つが、あらゆる絶滅した生物の中でもっとも特徴的な存在、すなわち恐竜だ。

恐竜の登場

かなり前のことだが、若い科学者向けの学会に参加したことがある。そのときに会った人のなかに、当時新進の惑星科学者で、今は月と遠い惑星の専門家として有名なマリア・ズーバーがいた。1日目の終わり近く、マリアは小さい息子に連絡するため家に電話をかけ、古生物学者とたくさん話をしたと伝えた。興奮した息子は、誰と会ったのか聞いてきた。「数人と会ったわ。アンディ・ノールやサイモン・コンウェイ・モリス」。そうマリアは答えた。聞いたことのない名前だった。この無名の学者たちは初期の生命について研究していると聞かされた少年は、明らかに同情した様子でこう答えた。「心配ないよ、ママ。次はきっと恐竜の人たちに会えるから」

恐竜。ブラキオサウルスやトリケラトプス、ティラノサウルス・レックス。名前は聞いたことはあるだろう。少なくとも8歳だったころには興味があったはずだ。しかし、地球と生命の歴史全体から見れば、恐竜が支配していた時代はほんの一瞬、地球の歴史のわずか4パーセント未満に過ぎない。恐竜が地球に与えた影響も、シアノバクテリアにとても及ばない。

しかし、ジュラ紀と白亜紀の生態系には、恐竜たちが絶対的な力をもって君臨していた。その恐竜の進化の姿は、生命の歴史で類を見ないものだ。

では、恐竜とは何者なのか。生態系で成功を収めたのは、どんな特徴があったからなのか。そして、あそこまで巨大化した理由は何なのか。まずは、恐竜がどんな世界に住んでいたのかを考えてみよう。

最初期の陸上脊椎動物は捕食動物で、あるいは腐食動物もいたかもしれない。しかし、5000万年も経たぬうちに四肢動物は多様化し、両生類と羊膜類(現在の爬虫類、鳥類、カメ、哺乳類などを含む動物)の肉食動物と植物食動物が登場した。詳しくは次の章で触れるが、古生代の終わりには壊滅的な災害が起きる。だが、陸上の生態系は中生代(2億5200万年前から6600万年前)に復活を遂げ、脊椎動物も植生もさらに現在の姿に近くなる。よく見られる樹木は針葉樹やイチョウなどの種子植物になり、下層にはさまざまなシダが生えていた。現在ほとんどの陸上の生態系を支配している顕花植物(花を咲かせ、実を結ぶ植物)が広がったのは、この時代の後期になってからだ。最初期の顕花植物の化石が見つかるのは、1億4000万年と少し前に過ぎない。

中生代初期には四肢動物も多様化し、現在も見ることができる種が生まれた。アデロバシレウスのような最初の哺乳類や、カメ、トカゲ、カエルが見つかるのは、三畳紀(2億52

00万年前から2億100万年前）の岩石だ。翼竜（翼を持つ最初の脊椎動物）や恐竜様類（最初の真の恐竜とその近親種）、その他の絶滅種についても同じことが言える。三畳紀の陸生脊椎動物で、もっとも多様で数が多かったのは、俊敏に動ける大型爬虫類だった。二足歩行をするものもいれば、四本足で走るものもいた。歯のついた長い口吻を持つものも、平らな鼻を持つものもいた。肉食動物もいれば、植物を食べるものもいた。

恐竜はどうか。

実は恐竜はいなかった。三畳紀に恐竜がいたことは確かだが、数は多くなく、多様でもなかった。三畳紀の陸上を支配していたのは、現在のワニにあたる系統だった。では、やがて恐竜がそれにとって代わるのは、優れた適応能力を持っていたからなのか。実は、そう考えられているわけではない。三畳紀の世界は災害によって始まり、災害によって終わった。恐竜が生態系の頂点に立てた理由の少なくとも一つは、三畳紀後期の厳しい環境を生き延びたからだ。遺伝子が幸いしたとも言えるが、それと同じくらい運がよかったということでもある。

陸の生物の世界は現在に近づいていたが、その間も地球の物理的環境は変化を続けていた。パンゲアの分断を示す古い証拠の一つが、パリセーズという場所にある。超大陸の分裂が始まったばかりのころに噴出した火山岩が、ニューヨーク・シティ近くのハドソン川沿いにある低い丘陵地帯に露出している。赤道から北極に向かって、まるでファスナーが開くように大西洋が広がり、北米と南米が西に移動して、その下に太平洋プレートの海洋地殻が沈み込んだ。それによって生まれたのが、ロッキー山脈とアンデス山脈だ。南半球の大陸も分裂した。アフリカとインドは北に向かい、ユーラシアの下部と衝突してアルプスからヒマラヤまで連なる大山脈群が形成された。現在の地形が生まれはじめたということだ。この時代は温暖で、ほとんど氷のない期間だったが、プレートテクトニクスによって陸塊の配置が代わって造山運動が起きたことで、新たな氷河時代の種がまかれることになる。ただ、その時代が到来するのはまだかなり先のことだ。

恐竜はなぜ巨大だったのか

恐竜についての素朴な疑問に戻ることにしよう。

恐竜の定義は実はかなり単純だ。古生物学者は、1800年代初頭から、現存するどの四肢動物とも異なるたくさんの巨大化石を発見するようになり、それらに恐竜という刺激的な名前を与えた。「恐ろしいトカゲ」というギリシア語に由来する言葉だ。今では恐竜は系統に基づいて定義されており、最初に見つかった巨大生物とその子孫たち、そして最後の共通の祖先を包含している。ありがたいことに、この定義は恐竜という言葉を聞いて思い浮かべるものとほぼ一致している。しかし、これから述べるように、意外な結論も導きだされることになる。

恐竜と聞くと、ほとんどの人は巨大な生物を思い浮かべるだろう。これは事実に近いものの、既知の最小の恐竜は重さわずか7キログラムで、小型犬ほどの大きさだった。最新の情報から脊椎動物の体の大きさの分布をまとめると、哺乳類、鳥類、両生類、魚類のほとんどの種は体のスケールが小さなほうに偏っており、体が大きな種はロングテール状になる。つまり、齧歯(げっし)類は多いがゾウは少ない。

しかし恐竜は例外で、体が大きなほうに偏っている。

8歳の子どもでもわかるように、ほとんどの恐竜は巨大だ。だが、それはいったいなぜなのか。昔から地球上を歩き回っていた四肢動物と違うのはなぜなのか。この問いの答えに一致した見解はない。だが、ドイツの古生物学者であるマルティン・サンダーらが納得のいく仮説を立てている。

最初の巨大恐竜であり、すべての恐竜の中で最大であったのは、竜脚類と呼ばれる恐竜だ。竜脚類は首の長い植物食恐竜で、特に大きなティタノサウルスは体長37メートル、体重は70トンから90トンに達した（ニューヨークのアメリカ自然史博物館にある堂々たる標本は、大きさが強調されるように、頭部が入口ホールに突きだすような形で展示されている〔図39〕。サンダーらが特に注目したのは、その長い首だった。

竜脚類はこの長い首を使って、ほかの植物食動物では届かない場所にあるものを食べたり、最低限の動きで広い範囲のものを食べたりすることができた。大きくなるほど、効率的に食料を得られるというわけだ。首を長くできるのは、竜脚類の頭がとても小さいからだ。竜脚類の首では、ハドロサウルスやティラノサウルスほどの大きさの頭を支えることはできない。逆に、頭を小さくできるのは、素直な子どもとは違って食べものをかむことをしないからだ。とにかく枝に食いついてすばやく葉をそぎ取り、種も含めて丸飲みしていた。

ワニとは違い、恐竜には鳥のような呼吸器系があったため、巨大な体に効率的に酸素を運ぶことができた。重要なのは、首を軽くするため、椎骨にたくさんの空洞があったことだ。加えて、竜脚類の代謝率は高く、成長が早かった。成体が幼体の10万倍の大きさになる種にとって欠かせないことだ。現在の動物は、よく温血動物と冷血動物に分類される。温血動物はたくさんのカロリーを燃焼させて高い体温を保ち、冷血動物は環境を利用して体温を調整する。温血動物である哺乳類や鳥類は、取り入れた食物の多くを高い体温を維持するために使う。恐竜は現在の鳥類や哺乳類のような形の温血動物ではなかったようだが、独自の方法で効率的に代謝を行って高い体温を維持できたため、取り入れた食物の多くを成長に充てる

図39：米ニューヨーク州にあるアメリカ自然史博物館に展示されている巨大なティタノサウルス（学名：Patagotitan mayorum）の骨格。鼻先から尾まで含めた体長は37メートル。

出典：American Museum of Natural History/D. Finnin

ことができたようだ。その際に重要だったのも、やはり大きさだ。動物が大きくなると、その動物が生成する熱は体積（体長の3乗）に比例する。一方で、失われる体温は表面積（長さの2乗）に比例する。そのため、大きな恐竜は何もしなくても高い体温を維持できた。最近行われた竜脚類の骨の化学的解析でも、体温は現存する哺乳類とほぼ同じ36～38℃という結果が出ており、この説と一致している。

竜脚類の大きさは捕食動物に対する防衛にも大いに役立った。ゾウがヒョウを恐れないのと同じ原理だ。

それに対抗して捕食動物も大型化し、恐竜の世界全体で進化の軍拡競争が始まった。その結果、恐竜が陸上の生態系や生命活動の中心となった。初期の哺乳類も恐竜と同じ舞台に立っていたが、恐竜のような大きな体を獲得することはできなかった。哺乳類が生き延びるには、とにかく恐竜に見つからないようにすることが重要だったため、夜に活動したり、木や穴に住んだりするようになった。現在もそのように生活している哺乳類は多い。

なお、聖書には少年ダビデが巨人ゴリアテを倒すという話があるが、初期の哺乳類には恐竜の卵を食べていたものもいたことを補足しておこう。

恐竜は生きながらえている

恐竜は絶滅したと考えられているが、先に紹介した恐竜の定義によるなら、それは真実ではない。

生きた恐竜は、実は皆さんの庭にもいる。スズメ、ウグイス、ツバメなどの鳥類だ。鳥類の先祖は恐竜だという説が登場したのは、1世紀半以上昔のことだ。

1868年、ダーウィンの熱烈な信奉者だったT・H・ハクスリーはこう書いている。

「爬虫類から鳥類へ至る道は恐竜類を経由している。……翼は、初歩的な四肢が発達したものだ」

ハクスリーが特に着目したのは、三畳紀後期からジュラ紀初期の岩石で見つかるコエロフィシスという小型恐竜の骨格が、鳥類の骨格と構造的によく似ていたことだ。

中間的な特徴を持つ化石が見つかったことで、この説の信憑性が高まった。1855年と1861年、ドイツのバイエルンにある石灰岩の石切場から2つの注目すべき化石が出土し、始祖鳥(しそちょう)と名づけられた。全般的な骨格の構造は当時の小型恐竜によく似ていたが、前肢が翼のように伸びていた(図40)。

頭蓋骨は鳥のくちばしのようになっていたが、顎にはまだ歯が並んでいた。それよりも驚くのは、始祖鳥が羽毛で覆われていたことだ（このすばらしい始祖鳥の標本はベルリンのフンボルト博物館にあり、ルーヴルのモナ・リザのように防弾ガラスで守られて展示されている）。魚が四肢動物に変わる途中の姿がティクターリクだったように、始祖鳥も進化という観点で見た過去の姿と未来の姿の両方を明かしている。

近年では、中国の白亜紀の地層での数々の新発見によって恐竜と鳥類のつながりはさらに確かなものになっている。その発見の一つは、鳥類にもっとも近い恐竜にはすでに羽毛が生えていたというものだ。保存されていた色素分子から、鳥類のさきがけとなった生物の色まで再現できる。「黒と白で最後には赤くなるものは何でしょう」といぅ古いなぞなぞ（訳注：答えは「新聞」。読み終えると、red（赤）と同じ発音であるread（既読）になる）に科学的に答えることができるようになったということだ。

初期の鳥類は、延びた前肢を使って獲物を捕まえていたかもしれないが、やがて進化して風に乗ったり、自由に空を飛んだりする能力を獲得した。中国から出土したさまざまな化石から、骨格や筋肉が飛行に必要な形に変化していった様子が見てとれる。この飛行能力によって、生命は空という新天地を得た。

最初にそこに到達したのは翼竜だった。最近になって、鳥類とは別の系統の小型恐竜も、

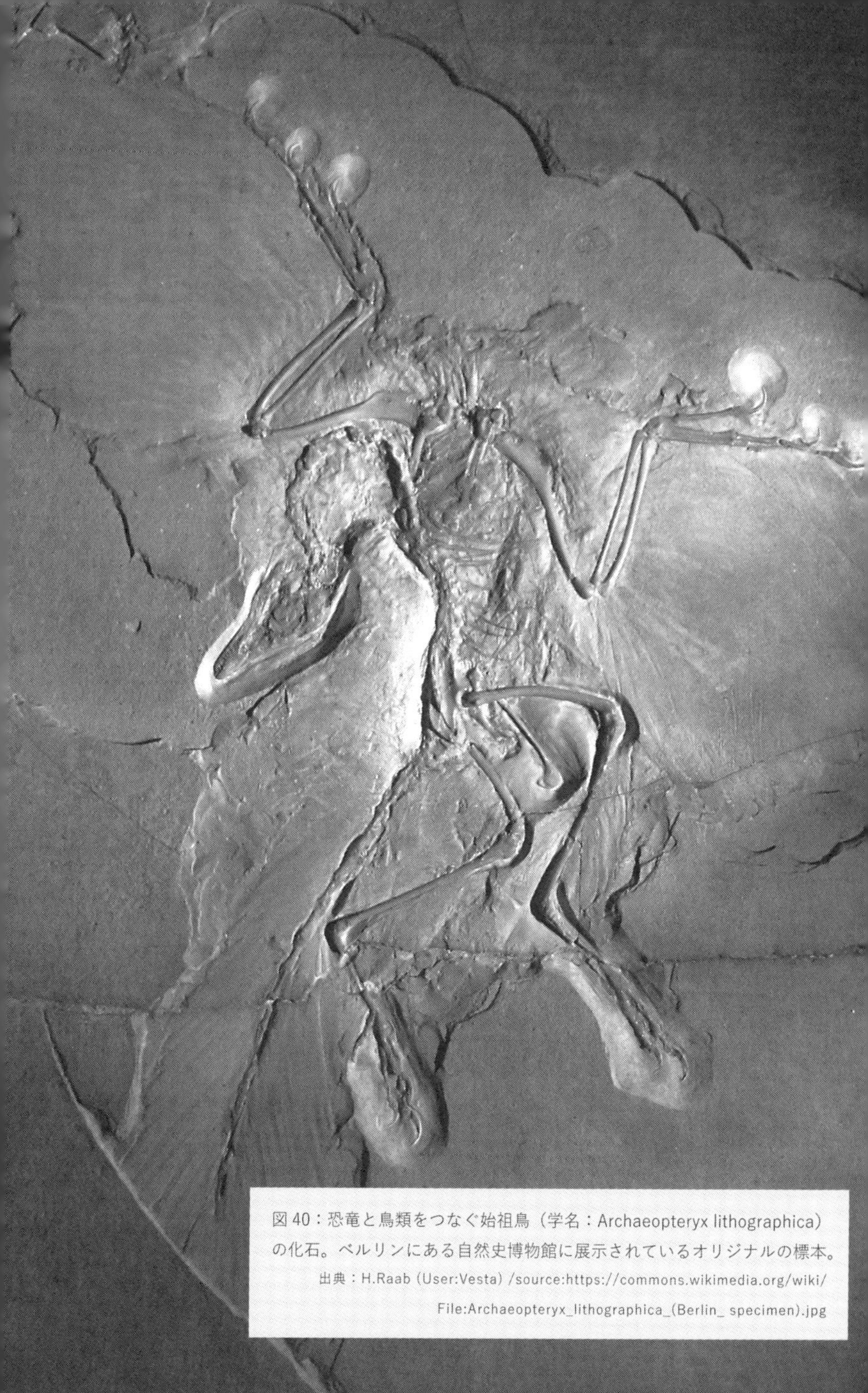

図 40：恐竜と鳥類をつなぐ始祖鳥（学名：Archaeopteryx lithographica）の化石。ベルリンにある自然史博物館に展示されているオリジナルの標本。
出典：H.Raab (User:Vesta) /source:https://commons.wikimedia.org/wiki/File:Archaeopteryx_lithographica_(Berlin_ specimen).jpg

独自に翼を進化させていたことがわかっているが、翼を最適な形に進化させた鳥類が空を支配することになった（コウモリがこれに加わるのは、かなり先のことだ）。そして重要なのは、鳥類が６６００万年前の大災害を生き延びたことだ。なので、オウムと話したり、優雅に飛ぶワシを眺めたり、ニワトリを焼いたり、庭からカラスを追い払ったりするときは、鳥にしかるべき敬意を払うようにしよう。鳥は強大な恐竜たちの生き残りなのだから。

7

災害と地球

絶滅が生命の形を変える

地質学が明らかにした恐竜の絶滅

イタリアの中世都市グッビオの近くに、アペニン山脈の山中に切り込む狭い谷がある。谷壁沿いの岩石は単調に見えるかもしれないが、大昔に深海に堆積した石灰岩の細かい粒子が何層も積み重なったものだ。この石灰岩には、たくさんの化石が含まれている。というより、石灰岩そのものが主に有孔虫と呼ばれる原生動物や円石藻という微小藻類の骨格である細かい炭酸カルシウムでできているのだが、とても小さいので、岩石の表面を見ただけではわからない。ただし、しかるべき場所さえ見れば、ある興味深い特徴があることがわかる。厚い石灰岩の層に挟まれた部分に、1センチメートルほどの粘土層がある。そこには、炭酸塩鉱物はまったく含まれていない（図41）。石灰岩の各層を持ち帰って顕微鏡で調べると、もう一つの謎が現れる。粘土層の下に見られる種の微小化石は、上の層にはほとんど存在しないことだ。

グッビオの粘土層は、白亜紀と古第三紀との境界（K－T境界）を表している。同時にこれは、中生代と新生代の境界でもある。陸上でも海中でも、生物相はこの6600万年前の区切り目によって完全に分断されている。海の岩石を見ても、中生代を象徴する種の微小化

図41：イタリアのグッビオで見ることができる白亜紀と古第三紀の境界。ウォルター・アルバレスは、これをもとに隕石の衝突による大量絶滅という説を展開した。右下の白い石灰岩は白亜紀末にかけて堆積したもので、さまざまな有孔虫や円石藻の微小骨格が含まれている。左上の赤っぽい石灰岩は古第三紀のはじめに形成されたもので、ごくわずかな種の有孔虫や円石藻しか含まれていない。2つの石灰岩の間、白い部分のすぐ上には、細かな泥岩の薄い層がある。多くの地質学者はこの層を採取し、研究している。

出典：Andrew H. Knoll

石は一瞬で姿を消したように見える。中生代の海でもっとも数も種類も多かった肉食動物であるアンモナイト（イカの親戚）も、ほかのさまざまな種と同時に一斉に消えた。陸上では、長いこと世界を支配していた恐竜が死に絶えた。これらはすべて、グッビオの粘土層が指し示す時期とまったく同じタイミングで起きた。

１９７０年代後半、地質学者のウォルター・アルバレスがグッビオに赴いて厚い石灰岩層の磁気特性を調査したとき、厚さ2センチほどの謎の粘土層が目に留まった。この層はどれくらいの時間を表しているのか不思議に思ったウォルターは、ノーベル物理学賞の受賞者でもある父のルイス・アルバレスにその疑問を投げかけた。父親は簡単な問題だと答えた。大気中には微小隕石が常に一定の速度で降り注いでくる。そこにはイリジウムなどの地表ではめったに見ることができない元素が含まれているので、粘土層に含まれるイリジウムの量を測定すれば、層が蓄積した時間を計算できる。化学者のフランク・アサロとヘレン・ミッチェルの力を借りて計算したところ、そこに多くのイリジウムが含まれていたことから、粘土層は数百万年で形成されたという結果が出た。ウォルターは、それは間違いだと直感した。

しかし、粘土層に多く含まれるイリジウムが長い時間をかけてゆっくり蓄積されたものではないとしたらどうだろう。つまり、大型隕石の衝突などで、大量のイリジウムが短時間で堆積したということだ。アルバレスらが計算したところ、それが起きるには直径約11キロメートルの隕石が必要という結果になった。そのような衝突が天体に及ぼす影響は甚大だ。古第三紀の幕開けを見ることができなかった恐竜やその他の動植物、微生物の絶滅の原因になりうる。

1980年にアルバレスのチームが発表した論文は大きな議論を呼び、賛成派と反対派が拮抗した。この議論は、蓄積されていったデータによってアルバレスが決定的に有利な状況に立つまで、10年ほど続いた（余談だが、ウォルターが1980年代後半にハーバード大学を訪れたとき、私の家に来てくれた。当時4歳だった娘のキルスティンに「アルバレスさんは恐竜に詳しいんだよ」と紹介すると、娘はすぐに興味を示したので、「今、生きている恐竜はいるかな？」と聞いてみた。「いないわ、おバカさんね」とキルスティンは答えた。明らかに私の無知を残念がっている口調だった。その時、ウォルターはソファーから飛びあがるように立ちあがり、アメリカンフットボールの審判がタッチダウンの合図をするように両手を突きあげて「隕石が恐竜を滅ぼしたんだ」と言った。子どもがその話に納得するなら、科学者も納得するに違いない）。

科学では、問題が多数決で決着することはない。アルバレスの仮説も同じだった。この仮説は、岩石に記録されているはずの別の特徴を予測するものだったので、世界中の地質学者がそれを探しはじめた。イリジウムの異常な増加は世界中のＫ－Ｔ境界の岩石で見られたが、それよりも古い地層や新しい地層では見られなかった。その後まもなく、同じ時期にできた堆積岩から衝撃石英と呼ばれる特徴的な鉱物が発見された。衝撃石英は、一時的に高温、高圧になった条件下でしか形成されない。これは大型隕石が衝突したときに発生する条件にほかならない。さらに決定的な証拠も見つかった。現在は新しい堆積物に埋もれているが、ユカタン半島にある直径200キロメートルほどの隕石クレーターがちょうどこの時期にできたことがわかったのだ。この大災害が、1億7000万年にわたる恐竜の進化に終止符を打つことになった。

5億年で5回の大量絶滅

進化について理解するために役立つ化石は何だろうか。それを古生物学者に問えば、恐竜や三葉虫、巨大シダなど、今はもう存在しないが生命の可能性の広がりを認識させてくれる生物について触れてから、大量絶滅とそれが生命に与えた重大な影響について話してくれるはずだ。ただし、昔からこのような流れが確立していたわけではない。1944年、古生物学における20世紀中盤のいわゆる新ダーウィン主義的な進化の総合説に主導的な貢献を果たしたジョージ・ゲイロード・シンプソンが、『進化のテンポとモード』(原題：Tempo and

Mode in Evolution）という非常に影響力のある本を書いた。この本でシンプソンは、化石に残されている進化のパターンは、集団遺伝子が長い時間をかけて作用してきた内容を反映していると述べた。この論旨は明快で説得力がある。とにかく、新ダーウィン主義的総合説の要点は、集団遺伝子こそが自然淘汰、すなわち時間による進化や変化の土台となる仕組みであるという考え方を確立することにある。

ただし、シンプソンは集団遺伝子に固執するあまり、進化に関する地質学的に重要な知見を見逃していた。その知見とは、地球はそこで暮らす生物がダイナミックに進化する影響を一方的に受けるだけではないということだ。地球も、そこで支えられて生きる生物と同じく、ダイナミックな存在だ。一時的、局所的なものから、長期的、世界的なものまで、環境はさまざまなスケールで絶えず変化している。環境が変化して短い時間のうちに生物相が急激に揺さぶられると、種や生態系の構造自体が崩壊することさえある。集団遺伝子が種の「起源」を支えているのは確かだが、種が「存続」できるかどうかはダイナミックな地球環境によって決まるのが一般的だ。これまでの章で示唆され、白亜紀末の絶滅で明らかになったように、現在の生物の多様性は、集団遺伝子だけでなく、大量絶滅と環境変化のあらゆる要素を反映したものだ。新生代の地球に哺乳類が広がったのは、単に集団遺伝子だけのおかげではなく、恐竜が生き残れなかった白亜紀末の災害を生き延びた哺乳類がいたからでもある。

アルバレスの仮説は大量絶滅に古生物学的な考え方をもたらしたが、同じころに成果が現れ、さらに大きな影響をもたらした別のプロジェクトがあった。

私が大学院生だった1970年代、同じ学生で友人のジャック・セプコスキーが時間を軸として化石の多様性をまとめるという作業に着手した。同じような試みは以前にも行われていたが、その根気と細部までのこだわりによって、圧巻のデータベースができることになった。すべての海洋動物の化石が最初と最後に見つかった年代を、目と科、そして最終的には属ごとにまとめたものだ（セプコスキーは種をまとめることはしなかった。もっともなことだが、そこまで細かく記録すると、堆積物の量や採取者の癖などによる偏りが出ると考えたからだ）。

セプコスキーのデータからわかったのは、生物の多様化の過程は決して平坦なものではなかったことだ。動物の種はカンブリア紀とオルドビス紀に増加したが、オルドビス紀末に激減した。そして種は再生するが、その後のデボン紀後期に再び減少する。このサイクルはさらに3回繰り返されるが、その一つが白亜紀末だ。つまり、地球の生物相は5億年間で5回の大量絶滅に耐えてきた。さらに、それとほぼ同数の小規模大量絶滅も経験している（図42）。

当初、アルバレスの仮説はセプコスキーが示した多様性の変動を一般的に説明したものだ

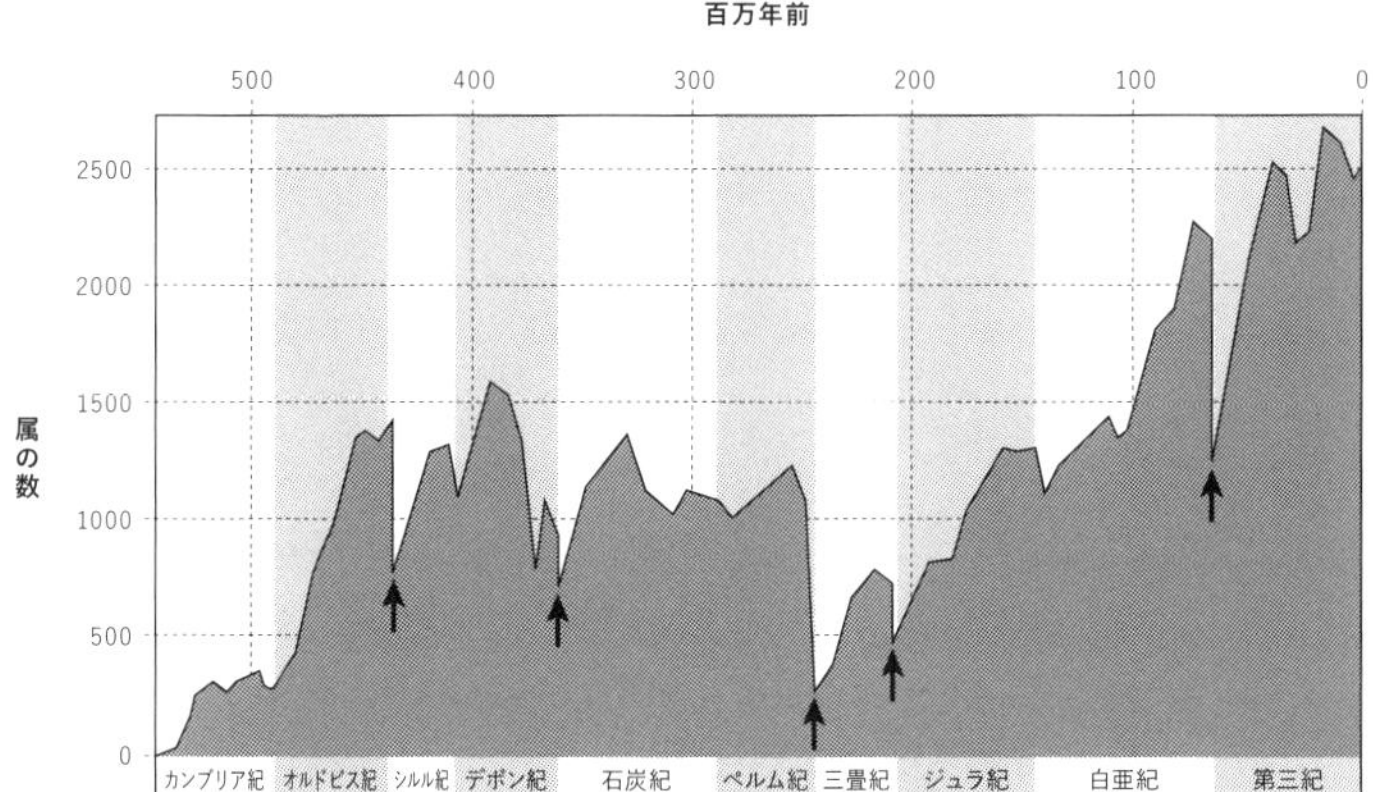

図 42：時間を横軸として、属レベルで海洋動物の数をまとめた図。ジャック・セプコスキーが丹念に作成したもの。矢印は過去 5 億年の間に多様性が激減した 5 つのタイミング、すなわち大量絶滅の「ビッグファイブ」を指している。

出典：Sepkoski's Online Genus Database

と考えられていた。つまり、大きな絶滅は大きな隕石によって、小さな絶滅は小さな隕石によって起きたということだ。とてもわかりやすい説明だが、これは誤りであることがわかった。隕石の衝突が関係した絶滅は、白亜紀末だけだからだ。

既知の最大の大量絶滅は、白亜紀末ではなく、約2億5200万年前のペルム紀末に起きた。このとき、海洋生物の種の90パーセント以上が姿を消した（この2回の大量絶滅が顕生代内の代の区切り目に起きているのは、偶然のように思えるかもしれない。しかし当然ながら、決して偶然ではない。19世紀の古生物学者たちは、化石に基づいて地質年代を決めた。ペルム紀と白亜紀の終わりで古生物学的な変化が起きているのは明らかなので、そこで地球の歴史を区切るのは妥当な判断だ）。

中国の煤山（メイシャン）の山腹に露出している岩石には、ペルム紀末の大量絶滅の痕跡がはっきりと刻まれている（図43）。この場所は簡単に見つけることができる。地質を保存、展示、活用するため、地方政府が派手なジオパークを作っているからだ。ただ、人間による装飾は別にしても、煤山の岩石は恐ろしい物語を伝えている。山麓近くの石灰岩には、腕足動物、コケムシ、棘皮動物、大型原生動物の骨格など、ペルム紀後期の海洋生物の化石が大量に含まれている。もしペルム紀後期の海岸を泳げたなら、浅い海底に生息するさまざまな動物、海藻、原生動物を見ることができたはずだ。しかし、山の半分から上には、そういった化石はまっ

図 43：中国の煤山で見ることができるペルム紀と三畳紀の境界。右下の大きな岩石層はペルム紀後期の石灰岩で、多くの化石が含まれている。その上に行くと、急に粒子の細かい石灰岩になり、そこには化石はほとんど見られない。堆積岩の種類が変わるタイミングで、海洋動物の種の 90 パーセントほどが絶滅した。

出典：Andrew H. Knoll

たく見られない。ナイフの刃ほどの区切り目を境に、完全に姿を消している。新しい岩石に、以前に見られた化石が再登場することはない。上のほうで見ることができるのは、貝やカタツムリなどのわずかな小型化石だけだ。

煤山で初めてそれを見たとき、驚くほど強烈な喪失感を覚えた。あふれんばかりの生命が突如として失われ、二度とよみがえることはなかったのだ。しかし、いったい何が起きたというのか。その最初の手がかりになるのは、煤山の石灰岩の間に見られる薄い火山灰の層だ。絶滅が起きた時期の直前と直後にあたる層の年代は、それぞれ2億5194万1000年±3万7000年前と2億5188万0000年±3万1000年前だ。この厳密な年代が鍵になる。なぜなら、大陸半分ほど離れた場所で起きた地質学的大事件と重なっているからだ。その事件は、シベリア・トラップと呼ばれている。

死の三重奏

地質学用語の「トラップ」は、玄武岩などの黒っぽい火山岩などが堆積したものを指す。層が階段（スウェーデン語で「トラッパ」と言う）状に露出することが多いのが由来だ。ウラル山脈の東に位置するシベリア・トラップは、大量の玄武岩が爆発的に噴出した証拠だ。

ハワイの火山島から流れ出るものとは違う。シベリア・トラップは現在見られる火山と同じ種類の噴火だったかもしれないが、その規模はまったく異なる。現存するトラップの領域は約700万平方キロメートルで、オーストラリアの大きさに匹敵する。一般的な厚さは2500メートル以上で、体積は400万立方キロメートルと推定される。人類やその近縁種が目にしたことがある火山活動の100万倍以上という規模だ。綿密な放射年代測定の結果、この大噴火のほとんどが煤山に記録されている大量絶滅と同時期に起こっていることがわかった。

では、西アジアの火山活動と、中国に記録されている世界的な大量絶滅の間には、どのようなつながりがあるのだろうか。シベリア・トラップの噴火は広範囲に及んだが、とても地球全体を覆うようなものではなかった。つまり、世界的な大量絶滅の原因は、溶岩による直接的な被害ではない。ここで、巨大噴火が地球の環境に与える影響について考えてみよう。局地的に溶岩が広がるとともに、大気中には大量のガスが放出される。特に重要なのは、二酸化炭素だ。これまで何度も触れてきたように、地質学的に見て二酸化炭素は気候に影響を与える。ペルム紀末の噴火によって、大気中や海洋中のCO_2は数倍の規模に急上昇することになった。

今から20年以上前、友人のリチャード・バンバッハと一緒にペルム紀末の大量絶滅についいて調査したことがある。絶滅の記録を研究していたほかの古生物学者たちは、消えた生物や生き延びた生物の特徴を地質学的、環境的、分類学的にまとめ、有意なパターンを探していた。それとは逆に、リチャードと私は生理学的側面に注目した。つまり、生物と環境との間の生物学的作用、とりわけ大気中の二酸化炭素が急増したときに受ける影響について調査した。実はこれはシベリアの噴火についてまだよくわかっていなかったころのことで、率直なところ、当初私たちが考えていた絶滅のモデルは間違ったものだった。それでも、たいへん示唆に富んだ結果が得られた。何か月も図書館に通い詰めたことで、生理学者が何十年もかけて実験してきたことを学ぶことができた。高濃度の二酸化炭素は多くの生命にとって悪い兆候であり、環境にも生理機能にも等しく悪影響を与える。しかし、すべての種に同じように影響が及ぶわけではない。比較的影響を受けにくい種もあれば、とても影響を受けやすい種もある。そこで、化石から確実に推定できる解剖学的特徴や生理学的特徴をリストにまとめ、それを使ってペルム紀後期の海洋動物相を2つのグループに分けた。一つは急激なCO_2の増加に耐性があるグループ、もう一つは耐性がないと思われるグループだ。実際にペルム紀末に絶滅した種と生き延びた種は、この予測と驚くほどぴったり一致した。二酸化炭素などの火山ガスこそが、この物理災害と生物の滅亡をつなぐものであることがわかったわけだ。

シベリア・トラップの火山活動により、大量の二酸化炭素が大気中に放出され、CO_2の温室効果によって地球は温暖化した（シベリア・トラップの溶岩が、堆積した泥炭の上を流れたことで、熱せられた有機物からメタン［CH_4］が発生し、温室効果に拍車がかかった可能性もある）。温暖化によって海水に混じるO_2の量が減少したことで、海の酸素も減少した。特にそれが顕著だったのは、大気と直接触れることがない海中だった。また、放出されたCO_2が海水に混じったことで、海水のpHも低下した。今で言う「海洋酸性化」という現象だ。21世紀の地球規模の変化が生物に与える影響を解明する運動を主導しているドイツの生理学者、ハンス・オットー・ペルトナーは、地球温暖化と海洋酸性化、そして酸素の欠乏を「死の三重奏」と表現する。つまり、一つひとつの要因だけでも生物相を損なう原因になり得るものが、同時に発生しただけでなく、それぞれが悪影響を強め合い、相乗効果を発揮した。CO_2の増加がもたらす直接的な生理作用である「高炭酸ガス血症」も起きる。たとえば、二酸化炭素のレベルが高いと、体中にO_2を運ぶタンパク質がCO_2と結びついてしまうので、酸素の代謝が阻害される。

CO_2の濃度が高くなったとき、環境的、生理的な影響がもっとも強く現れるのが、大きな炭酸塩骨格を作るにもかかわらず、骨格のもとになる分泌物を変化させる生理的機能が限られている動物だ。たとえば、サンゴなどがこれに当たる。逆に、代謝率が高い動物（日常的に体内のCO_2濃度が高い動物）は耐性が高い。ガス交換を行うエラや肺を持つ動物、循環器系がよく発達した動物などがこれに当たる。この点を考えると、軟体動物、魚、節足動物の耐性は高いものと思われる。ペルム紀末に火山活動が起きたとき、生物の運命はまさに海に握られていた。古生代のサンゴはすべて姿を消した。現在の海で見ることができるサンゴは、絶滅を生き延びたイソギンチャクが、のちの三畳紀に骨格を進化させたものだ。ペルム紀の海底でもっとも広く分布し、種類も多かった腕足動物（ほとんど動くことがない怠け者）は、ほとんどの種が消滅した。一方で、貝やカタツムリはうまく生き延びた。生理学的特徴から予測したとおり、絶滅した魚は少なかった。現在の食卓を飾るエビやカニ、ロブスターをはじめとする十脚甲殻類は、ペルム紀から三畳紀にかけて多様化した。

地上でも、地球規模の変化によってほとんどの動植物が影響を受けた。しかし、陸の生物は海洋酸性化や酸素欠乏の影響を受けなかったためか、温度変化に強かったためか、海の変化に比べれば長期的な影響は少なかったようだ。とはいえ、生態系のパターンと、2億年以上にわたって地球の海の特徴でありつづけた多様性は崩壊することになった。これは地球外部からの影響ではなく、マントルからシベリア一帯に熱いマグマが噴きだしたためだ。生物の多様性は三畳紀を通して回復し、以前を上回るまでになったが、それは別のグループが作りあげた別の生態系だった。大量絶滅によって古生代が終わり、中生代が始まった。それと同じように、白亜紀末の災害によって中生代が終わり、輝かしい新生代が始まった。

シベリア・トラップはすさまじい規模だったが、地質学的に特異なものではない。過去3億年の間に、マントルにたまった熱に刺激された大量の溶岩が陸地や海底に噴出するということが11回起きている。それが少なくとももう1回の大量絶滅と、それよりは小規模な何度かの災害につながった。ペルム紀末の絶滅の後、海洋生物は三畳紀（2億5200万年前から2億100万年前）をとおして再び多様化し、数百万年を経て新しい別の生態系が誕生した。しかし、三畳紀はその始まりと同じような形で終わることになった。スコットランド西岸沖のフィンガルの洞窟、ニューヨークのパリセーズ、そしてモロッコのアトラス山脈の黒い崖をつなぐ弧に沿って大量の溶岩が噴出し、今はアマゾンの熱帯雨林に埋もれている地域に流入したからだ。

それによって生物の多様性は再び激減する。三畳紀末の海で絶滅した生物と生存した生物の姿は、ペルム紀のそれと重なり、礁は特に大きな打撃を受けた。これにより、40パーセントの属と最大70パーセントの種が海から姿を消したと推定されている。ペルム紀末の絶滅よりはかなり少ないが、それでもすさまじい被害だ。陸地では、火山活動とその少し前から始まっていた気候変動によって、三畳紀の脊椎動物の多様化は抑制された。前の章でも触れたが、三畳紀後期の陸地はワニの仲間の時代だった。しかしそれが絶滅し、恐竜や哺乳類の先祖が生き延びたことで、のちの中生代の大型動物と小型動物の生態系につながることになる。

中生代後期の地質から、この時期に深海の大部分で数千年にわたって酸素が欠乏した期間が何回かあったことがわかっている。そのうちの少なくとも2回は、巨大噴火による絶滅に関連している。1回目は約1億8300万年前、2回目は9400万年前のことだ。この「小規模な」絶滅により、すべての海洋生物の15〜20パーセントにあたる属が消滅したと推定される。

白亜紀末にも、さらに規模の大きな噴火があった。インドのデカン・トラップの噴火が、白亜紀末の大量絶滅に影響したとする説もある。噴火によって環境が乱れたことが衝突の前段階としてあったか、大量の火山ガスが空気中に噴出されたことで衝突による影響が悪化したということだ。溶岩の放射性年代測定の結果には、前者を示すものも後者を示すものもある。

ありがたいのは、巨大噴火が堆積物に化学的証拠を残すことだ。それによると、デカンの火山活動は絶滅前に始まっている。しかし、地質学的な背景はどうであろうと、最終的な結論は化石の中にある。白亜紀末の絶滅と生存のパターンを分析したところ、巨大噴火と関連していた絶滅との共通点は少なかった。中生代の扉を閉じたのは、主に隕石の衝突だったということだ。

オルドビス紀の大量絶滅

最後に取りあげるのは、古生代に起きた2回の大量絶滅だ。この2つには、どちらもほかにはない原因と影響がある。第5章で、カンブリア紀とオルドビス紀に海の生態系が多様化したことに触れた。しかしその多様な世界は、オルドビス紀の終わりに近い4億4500万年前に終焉を迎えた。この絶滅は、南半球を中心とした比較的短めの氷河期と重なっている。これによって全海洋動物の半分近くの属が絶滅したが、生態系に生じたほころびは大きくはなかった。世界がよみがえるにつれて、海底の生物群は絶滅前とほぼ同じ水準に戻った。それよりも大きな影響を受けたのは、水中の生命だ。三葉虫や初期の脊椎動物の種の数は大きく落ち込んだ。

オルドビス紀末の大量絶滅は氷河期と重なっているが、この点は少し不思議に感じられる。この時期の地球は260万年にわたって氷に閉ざされており、少なくとも海洋生物の世界では、絶滅した種はさほど多くはなかった。ではなぜオルドビス紀末の世界はほかと違っていたのか。明らかに違う点の一つが、海面の高さだ。氷河の氷はほとんどが海水なので、氷が増えれば海面は下がる。直近の氷河時代の海面は、約130メートル低かった。オルドビス紀末も、それと大きくは変わらなかったはずだ。最初から直近の氷河期と同じくらい海面が低ければ、失われる海底の生息地は少ない。ただし、海面が高く、大半の低地が水没して浅い海になっているときに氷河が大きく拡大すると、海面の低下によって浅い海が干上がってしまうので、世界中の浅い海底の大部分が姿を消すことになる。そこに住んでいた生物も一緒にだ。オルドビス紀にはそれが起きたというわけだ。

もう一つは、地理的な問題だ。気候変動が起きると、生物は住みやすい環境に移動することになるが、それは移動路があればの話だ。260万年前に氷が広がったとき、北米東部の植物種はメキシコ湾のほうに移動し、生存を続けることができた。しかし、北欧の植物はアルプス山脈に阻まれて、かなりの絶滅が起きた。もっとも被害が大きいのは、移動路が限られている浅い海だ。たとえばフロリダでは、深い海に阻まれて温暖な場所に移動することはできなかった（現在のホッキョクグマが温暖化を避けて移動することができるかを考えてみるといいだろう）。オルドビス紀末には、赤道付近の山地や深海も移動を阻んでいたかもしれない。ペルム紀末の大量絶滅では、種の喪失パターンに偏りがあった。しかし、移動路が限られても、生息地が大幅に失われても、そのような偏りが生じることはないはずだ。オルドビス紀末の大量絶滅では、種の数は大幅に減少したが、生態系のパターンはほぼ維持された。その理由を探る手がかりは、そこにあるのかもしれない。

セプコスキーの「ビッグファイブ」（5大絶滅）のなかで一番よくわかっていないのは、デボン紀後期の大量絶滅だ。このときは、長い時間をかけて（3億9300万年前から3億5900万年前）種の数が減少した。最初に姿を消したのは、海底に住む腕足動物などだった。次に礁を作る動物が、最後に水中を泳ぎ回っていた初期の頭足動物が消えた。不思議なことに、デボン紀の種の減少速度は、絶滅の速度だけでなく、種の発生速度の遅さも反映しているように見える。そのため、リチャード・バンバッハと私は、この事象を正式な大量絶滅ではなく、「大量減少」と呼ぶことにしている。多様性の喪失速度が発生速度と関係していることは、いくつかの研究によって立証されているが、なぜそうなるのかはまだよくわかっていない。

地球で繰り返し起こってきた大量絶滅について、一般論を導きだすことはできるのだろうか。隕石、氷河期、巨大噴火と事象はさまざまなので、共通の原因を見出すことはできない。生態系への影響にも共通項はない。生態系への被害の大きさと失われた種の数に密接な相関性があるわけではなく、生態系への影響は事象によってさまざまだ。確かに共通点が認められるのは、どの場合でも環境への被害が短い時間で現れていることだ。環境の変化の速さは、その規模と同じくらい重要だ。環境がゆっくりと変化すれば、生物はそれに適応できる。しかし、環境が急速に変化すれば、適応が難しくなり、移動か絶滅しか選択肢がなくなる可能性もある。大量絶滅は、地球やその周辺の宇宙で、一過的ではあるが、重大な環境被害が起きたことを示す。大量絶滅の時間軸は短いが、多様性の回復にはそれよりも長い時間がかかる。化石からわかるのは、大きな絶滅からよみがえるには長い時間が必要なことだ。数十万年、場合によっては数百万年がかかることもある。

進化の歴史において、大量絶滅が大きな役割を果たしたことは明らかだ。哺乳類が現在の世界を謳歌しているのは、ある意味で恐竜が絶滅したおかげでもある。外海に魚が広がったのは、白亜紀末の大量絶滅によってアンモナイトが消えた後のことだ。現在の礁にサンゴや軟体動物、カニなどが生息しているのは、かつて礁を形成していた床板サンゴ、腕足動物、三葉虫に勝ったからというより、大量絶滅によってこれらの種が消えたからだ。熱帯雨林を歩いたり、サンゴ礁でダイビングをしたりするときは、地球で繰り返された大量絶滅の生き残りを調べていると考えるといいかもしれない。

では、この大量絶滅が繰り返されることはあるのだろうか。大型隕石や巨大火山噴火に遭遇する確率は低いが、二度と起きないという保証はない。紀元前43年には、アラスカの火山が噴火し、厳しい冬が到来した。その結果、ヨーロッパは広い範囲で不作となり、ローマ帝国滅亡の一因となった。１８１５年には、インドネシアのタンボラ山の頂上が吹き飛び、付近で数千人の死者が出ただけでなく、「夏のない1年」は遠く米国のニューイングランド地方まで及んだ。ポンペイの例もある（ナポリも4000年ほど前の噴火の跡に作られた街だ）。大型隕石の衝突はさらに珍しいが、1908年に8000万本ほどの木がなぎ倒されたツングースカの大爆発は、飛来した彗星か隕石が空中爆発を起こしたのが原因とされている。ほとんど住む人がいないシベリアで起きたのは幸いだったかもしれない。

ありがたいことに、地球規模の被害が生じるほどの大規模な噴火や衝突は、数百万年という時間軸で見てもめったに起こるものではないので、この点について心配する必要はないだろう。それよりもはるかに心配なのは、普段歩いている街で見かける光景だ。この世代、あるいは子どもの世代という短い期間のうちに、地球や生命を大きく変えてしまう能力を持ったもの、つまり人間という存在だ。

8

人間と地球

地球を変える人類

最初の霊長類

6600万年前ごろに白亜紀末の大量絶滅が落ち着き、地球の新たな章が幕を開けた。生き延びた植物や動物はすぐに多様化しはじめ、わずか数十万年のうちに新しくしなやかな陸上生態系が確立された。地球の気候はすでに穏やかになっており、このあと1500万年ほどをかけてさらに温暖になっていく。大気中に相当の量の二酸化炭素があり、温室効果が起きたためだ。アラスカにはヤシの木が生い茂り、カナダ北極圏にはワニが歩いていた。恐竜はいなくなったが、哺乳類は新たな方法で多様化し、陸上生物の主役になった。特に注目すべきは、熱帯の森林で暮らしていた小さなメガネザルのような生物だ。おそらく虫を食べていたこの動物こそ、最初の霊長類であり、私たちの祖先だ。

新生代を通して、生命と環境は呼応しながら変化していく。かつて超大陸パンゲアが分裂して以来、大陸は地球規模で離れつづけている。大西洋は劇的に広がり、ロッキー山脈やアルプス山脈、ヒマラヤ山脈が空高くそびえるようになった。造山運動によって風化が速まり、大気中の二酸化炭素は吸収された。プレートの移動によって海水の循環は変わった。その結果、地球は冷えはじめた。高緯度地域からヤシやワニなどの温暖な気候を好む種が消え、内陸部の森林は草原に変わりはじめた。３５００万年前には、南極が氷河で覆われはじめた。

このようなダイナミックな自然環境を背景に、霊長類が陸地に広がっていった。キツネザルやメザネザルなどのサルの仲間、そして霊長類の系統樹でヒトを含む枝にあたる大型類人猿など、さまざまな種が登場した。ここで６００万年前から７００万年前に起きた出来事に注目しよう。このころ、地球寒冷化のペースが上がり、再び氷河期が近づいていた。アフリカでは内陸部が乾燥し、森林がまばらな林や草原に変わっていった。そしてその生息環境の変化に刺激されて、現在のチンパンジーやボノボから分かれた新たな系統の大型類人猿が登場した。この新種のサルはホミニン（ヒト族）と呼ばれ、大まかに言えばチンパンジーに似ていた。体は小さめで、脳は小さく、鼻が突き出し、長い腕と細長い指をうまく使って樹上を移動していた。ただし、このホミニンには、ほかの大型類人猿と違う重要な特徴が一つあった。直立歩行できたことだ。

大型類人猿で直立できるのはヒトだけだ。下部脊椎を湾曲させて体幹をまっすぐに保つ仕組み、歩行に必要な筋肉を支えられるように変化した骨盤、頭が体の真上に来るように垂直に延びた首、明確なかかと、そしてアーチ型になった足の裏。人間の姿勢や運動は、そういった一連の構造的適応によって可能になった。現在のヒトにはそのような特徴が備わっており、初期のホミニンにもある程度は備わっていた。このようなヒトの祖先のことは、６００

万年前から700万年前の岩石に含まれる骨格片からわかっている。しかし、最高の知見をもたらしてくれたのは、エチオピアの岩石から見つかった440万年前の一つの若い女の猿人の骨だ。アルディピテクス・ラミダス、略してアルディと呼ばれる種のもので、保存状態が非常によく、ヒトとチンパンジーの共通の祖先に備わっていたと思われる多くの特徴が見られる。まず、木登りが得意で、森林で暮らしていた。しかし、まばらな林でも果物などの食料を探していた。また、1世紀以上前にチャールズ・ダーウィンが提唱したように、二足歩行ができたので両手が空き、やがて道具の作成や使用など、手を別の作業に利用できるようになった。アルディやその近縁種は、二足歩行ができたことでヒトに近づいた。

アルディの時代の少し後には、新たなグループのホミニンが登場した。アウストラロピテクス属と呼ばれる猿人は、初期のホミニンに似ていたが、いくつかの点でヒトに近く進化していた。実際にどのくらいの種が存在していたのかはわからないが、これまでに10種類ほどの種がすべてアフリカで見つかっている。アウストラロピテクス属の骨は比較的よく見つかるが、ここでも1体の骨から貴重な知見が得られた。ヒトより前のホミニンの中で、おそらくもっとも有名なのがルーシーと呼ばれる猿人だろう。エチオピアの320万年前の岩石から見つかり、当時大人気だったビートルズの曲「ルーシー・イン・ザ・スカイ・ウィズ・ダイアモンズ」にちなんで名づけられた。大きさはチンパンジーやアルディと同じくらいだったが、明らかに脳は大きくなっていた。森の中を機敏に動き回っていた点も同じだが、広い腰幅、アーチ型になった足の裏、短く大きな足の指から、これまでのホミニンよりもかなり簡単に直立歩行できたと考えられる。歯も特徴的で、臼歯が大きく、長時間の咀嚼に適していた。古人類学者は、チンパンジーやそれまでのホミニンよりも果物を食べる頻度が下がり、林で見つけた固いイモや種、葉、茎などを食べることが多かったと考えている。

ほかの2つの証拠からも、アウストラロピテクス属の生態が明らかになっている。1976年に、メアリー・リーキーがタンザニアの約370万年前の岩石から一連の足跡を発見した。男と女、そして子どもが湿った火山灰の上を通った跡が最大27メートルにわたって残り、それが灰に埋もれたものだった。生物学者が泥に残された足跡を見れば、その持ち主の歩き方を詳しく知ることができる。このタンザニアの足跡から、アウストラロピテクス属は歩行が得意で、樹上よりも地上で過ごす時間が多いことがわかった。

もう一つの証拠片もすばらしい。330万年前のケニアの岩石に、既知の最古の道具が保存されていた。そこから、アウストラロピテクス属（どの種かはわからない）が大きく硬い石を割って鋭い石片を作っていたことがわかった。1957年に、イギリスの人類学者ケネス・オークリーが『道具を作る人間』（仮訳、原題：Man the Toolmaker）という有名な本を書いている。そばにある簡単な道具を使う種が存在することはわかっていたが、さまざまな目的を持つ道具を考えて作るのは、ヒトにしかない能力だ。ケニアで見つかった道具は単純なものだが、やがて自動車やコンピュータ、フリスビーなどにつながる進化の道筋が、人間が誕生するずっと前に始まっていたことを示している。

ホモ・サピエンスの誕生

ホモ・サピエンスすなわちヒトは、現存する唯一のヒト属で、現存する唯一のホミニンでもある（図44）。化石からはほかに13種のヒト属が見つかっている（そのうち11種が正式に命名されている）が、これらはすべて絶滅している。２００万年少し前ごろから、それまでのホミニンと同じように、アフリカでヒトの近縁種が分化しはじめた。もっともよく知られているヒト属の先祖は、１９０万年前から25万年前の岩石で見つかっているホモ・エレクトスだ。ホモ・エレクトスは、多くの個体がとてもよい状態で保存されていることに加え、２つの理由で重宝されている。１つ目は、解剖学的にアウストラロピテクス属と現在のヒトとのちょうど中間の構造を持つことだ。骨格はヒトに近くなり、脳はルーシーより大きいが今のヒトよりは小さい。２つ目は、これまでのホミニンとは違い、ホモ・エレクトスはアフリカだけでなくユーラシア各地にもいたことだ。このころには、確実に地上で生活し、狩猟や採集で食べものを得るようになっていた。動物の骨についた傷跡から、獲物を解体していたこともわかる。ちょうど地球が完全な氷河期に突入する時期だったので、これは新たな栄養源として重要だった。現在の狩猟採集民と同じように、獲物を分け合っていた可能性も高いと見られている。そのため、集団としての結束力も高まっていたはずだ。

ホモ・サピエンスとされる最古の化石は、モロッコの30万年前の岩石から見つかっている。その少し後には、高度な道具を生み出す新たな文化と、(管理された)火の使用が広まった証拠が見つかっている。つまり、私たちの種族は新たな技術とともに登場した。驚くべきことかもしれないが、この氷河期の地球には、私たちの直接の祖先のほかに少なくとも3種のヒト属がいた。もっともよく知られているのがネアンデルタール人だ。野蛮人のように描かれることが多いが、実際には高度な狩猟採集民で、脳はヒトよりも大きく、さまざまな道具を使いこなしていた。対照的なのが、ホモ・フローレシエンシスだ。「ホビット」とも呼ばれる小型の種で、インドネシアで化石が見つかったのは最近のことだ。もう1つのデニソワ人は、もともとシベリアの洞窟で5万年前から3万年前の骨の断片が発見され、指の骨に保存されていたDNAから別の種であることがわかった。今では、ネアンデルタール人とデニソワ人の化石からゲノムを復元できるまでになっている。そこから、現在のヒト、ネアンデルタール人、デニソワ人は近親種であるだけでなく、かなり昔から交雑していたこともわか

アウストラロピテクス属

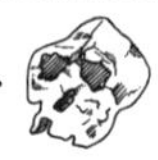

図 44：過去７００万年の間に登場したさまざまなホミニン。かつてはさまざまなグループが存在したが、現在生き残っているのはヒトだけだ。

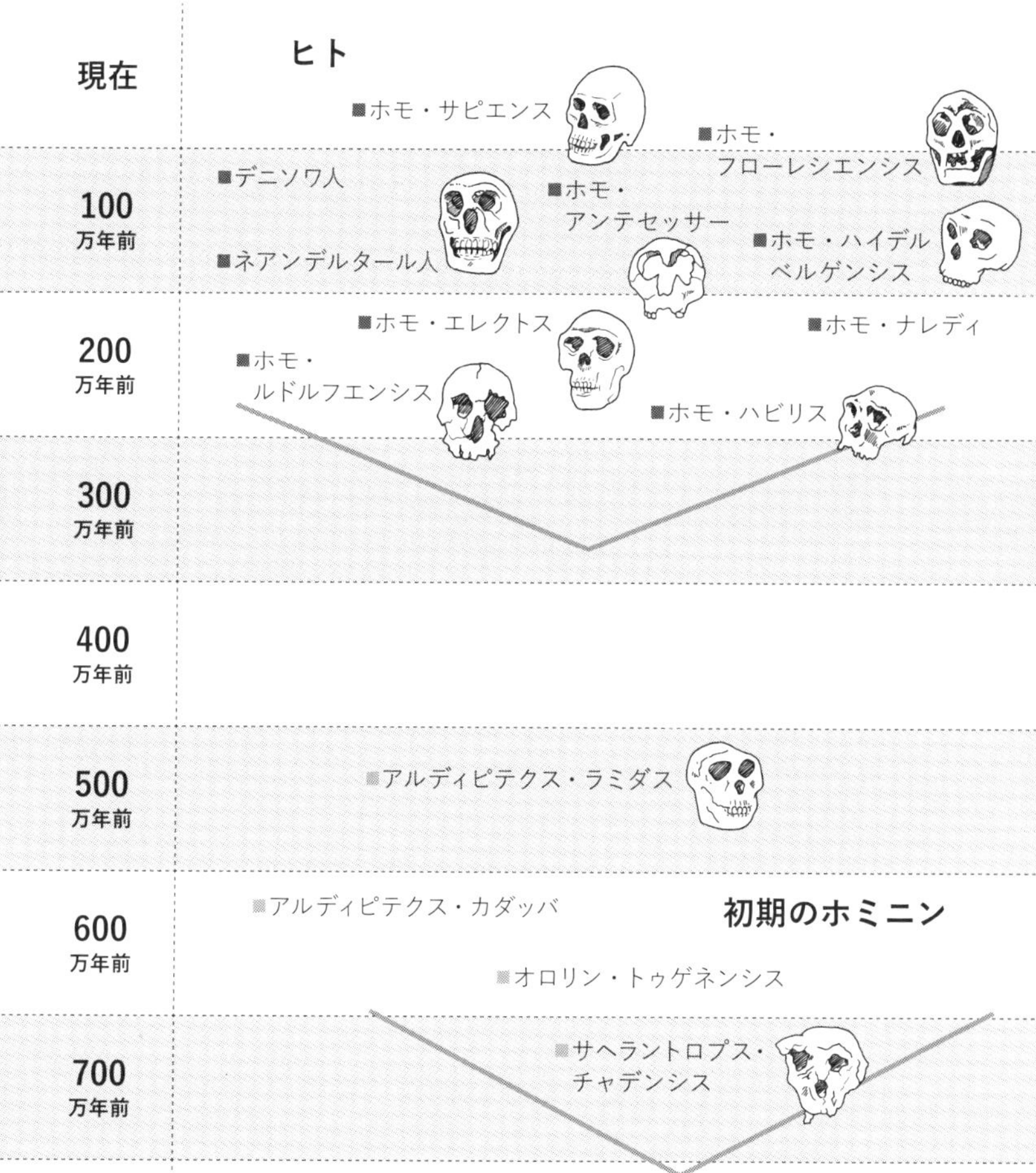
現在
100
万年前
200
万年前
300
万年前
400
万年前
500
万年前
600
万年前
700
万年前
ヒト
■ホモ・サピエンス
■ホモ・
フローレシエンシス
■デニソワ人
■ホモ・
アンテセッサー
■ネアンデルタール人
■ホモ・ハイデル
ベルゲンシス
■ホモ・エレクトス
■ホモ・ナレディ
■ホモ・
ルドルフエンシス
■ホモ・ハビリス
■アルディピテクス・ラミダス
■アルディピテクス・カダッバ
初期のホミニン
■オロリン・トゥゲネンシス
■サヘラントロプス・
チャデンシス

った。

ほとんどの人のＤＮＡには、ネアンデルタール人の遺伝子がわずかに混じっている。メラネシア人やオーストラリアのアボリジニなど、一部のアジア系の人々は、デニソワ人の遺伝子も受け継いでいる。歴史は私たちの遺伝子の中で生きている。

初期の人類はアフリカにしかいなかったが、10万年ほど前に、その一部が広い世界に足を踏み出し、現在のイスラエルにあたる場所にネアンデルタール人とともに住み着くようになった。その後の5万年前から7万年前には、アジアやヨーロッパの各地に急速に広がっていった。この大胆な移住者たちは、どのような人々だったのだろうか。

ドイツのテュービンゲンにある古代文化博物館の奥深く、窓のない一室で、マンモスの牙に彫られた小さな動物たちが宝石のようにきらめいている（図45）。

ドイツ南西部の洞窟から見つかったもので、マンモス、ウマ、大型のネコ科動物などが生き生きと表現されている。作られたのは約4万年前で、見えるものを表現したアート作品として最古の部類に入る。近くの洞窟では、同じくマンモスの牙製の女性像も見つかっている。この最古の動物作品とほぼ同じ時期に、最古の人間の絵も描かれている。初期の洞窟人たちは、旧世界のあちこちで、壁に精巧な動物や精霊のような絵を描きはじめた。既知の最古の洞窟壁画は約4万4０００年前のもので、インドネシアにある。壁に描かれているのは半人

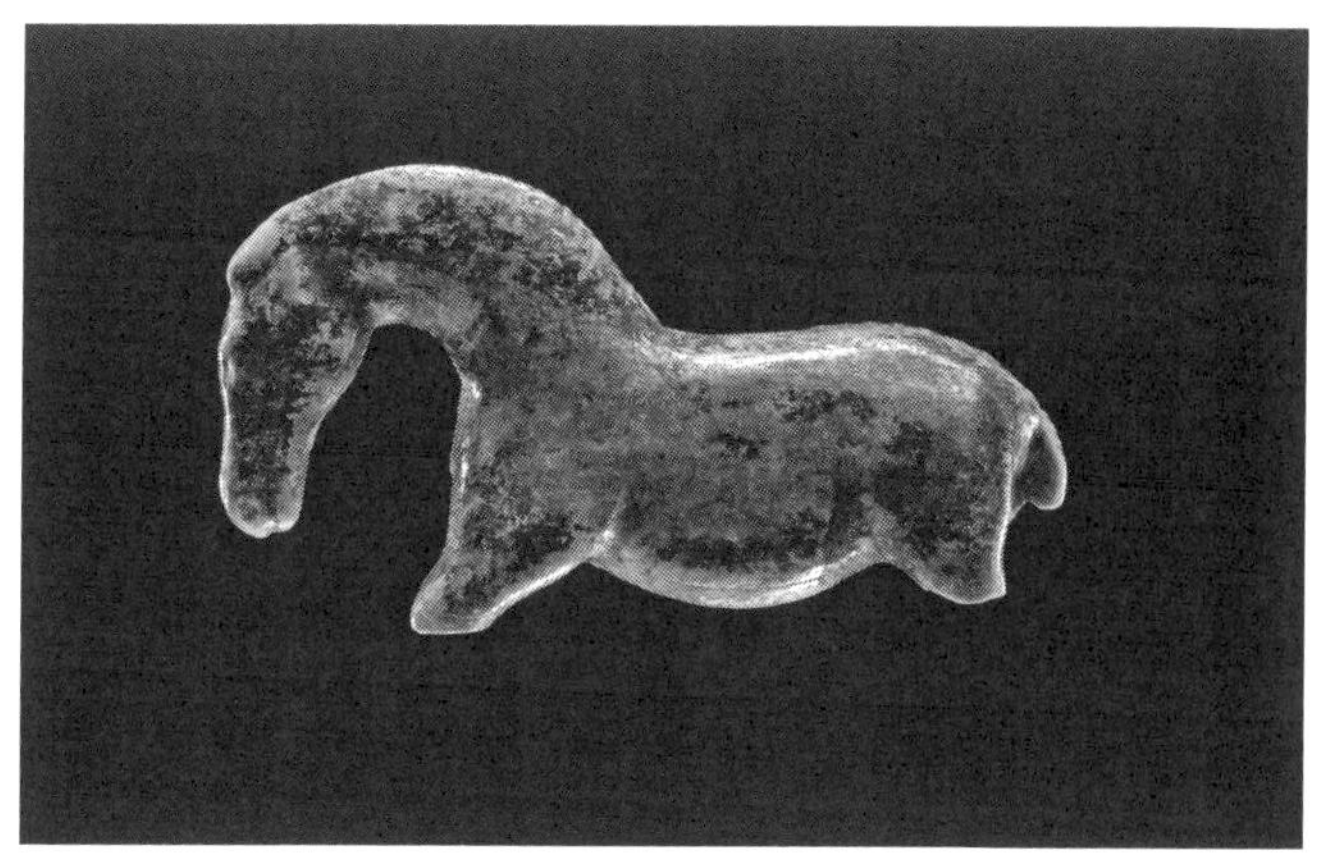

図45および46：人類の大きな飛躍。マンモスの牙で作られた約4万年前の動物の彫刻（図45）。インドネシアで見つかった既知の最古の洞窟壁画。4万4000年前ごろのもの（図46）。

図45の出典：Copyright Museum der Universität Tübingen MUT, J. Lipták

図46の出典：Courtesy of Adam Brumm, Griffith University, photo credit Ratno Sardi

半獣の狩人で、アートであるとともに霊的なものだったのかもしれない（図46）。この時代の道具からも、新たな技術の進展が見てとれる。たくさんの石器が作られ、丁寧に仕上げられた錐や針のほかに、骨製の笛まで見つかっている。古い骨から言語を推定することはできないが、この人間の重要な特性もこの時期に進化したのではないかと推測される。こういった変化がなぜこの時期に起こったのかはわからない。しかし、古人類学者のダニエル・リーバーマンが言うように、「何らかの理由で、人は考えるようになり、違う行動をとるようになった」のだろう。それによって、人類はとうとう「現在の人類」になった。

プラトンによると（この話は、エイドリアン・メイヤーの『神々とロボット』［仮訳、原題：Gods and Robots］にも書かれている）、神が動物を創造するとき、動物に能力を割り当てる役割をプロメテウスとエピメテウスという双子の巨人に託した。とりわけエピメテウスはこの仕事をよろこんで引き受け、チーターが速く走れるようにしたり、カニを丈夫な鎧で覆ったり、ゾウを大きくしたりした。残念なことに、人間は最後だったので、順番が回ってくるころには、優れた能力は何も残っていなかった。プロメテウスは、何もなければ人間は広い世界で生き延びることはできないと考え、神のもとから言葉と火と技術を盗みだし、人間に与えた。素敵な話だが、実は人類学の見解とそう遠くない。言語、火を操る能力、そして道具を作る能力を得た人間は、動物界の他の住人たちとは違う道を歩みはじめたからだ。

人間の祖先がアフリカの環境変化に適応したように、人間の進化は環境の変化に促されてきたことは間違いない。しかし、地球の長い歴史の物語から見れば、生命は環境の影響を一方的に受けるだけではないことがわかる。生命の側が環境を作るという側面もあり、その点は人間にも当てはまる。人間がほかと違うのは、地球に与える影響が小さすぎるからではなく、大きすぎるからだ。ホモ・サピエンスは、誕生して以来ずっとまわりの世界を変えつづけてきたが、今やそれは前例のないほどになっている。地球と生命は長いこと協調しつづけてきたが、直近の動きとしてそのような著しい変化が起きている。

ヒトは太古から地球の生態系に影響を与え続けていた

2万年前の北米の北半分は巨大な氷河に覆われており、氷の南端はマサチューセッツ州のケープコッドからモンタナ州に至るアーチのような形になっていた。その南にはツンドラやステップ、マツの森が広がり、マンモスやマストドン、ケブカサイ、ホラアナグマ、ダイアウルフ、ホラアナライオン、さらにはサーベルタイガーやウマ、ラクダ、オオナマケモノ、グリプトドン（フォルクスワーゲン・ビートルくらいの大きさの絶滅した大型のアルマジロ）など、実にさまざまな哺乳類が暮らしていた。しかし、1万年前ごろには、そういった動物はすべて消えていた。いったい何が起きたのか。

氷は約1万5000年前に溶けはじめ、最後の寒波の後、1万3000年前から1万年前ごろにかけて地球は急速に温暖化した。これが現在の間氷期のはじまりだ。「氷河期後」と書かず「間氷期」と書いたのは、過去100万年の間、地球は10万年ごとに寒い氷河期と温暖な間氷期を行き来しているからだ。これは地球が太陽のまわりを回る軌道が規則正しく変動しているためだ。現在の温暖化は間氷期ではなく、もう新たな氷河期はやってこないと考える理由はない。少なくとも、人類が産業革命を起こすまではそうだった。

1万3000年前から1万年前に北米で温暖な気候が拡大すると、植物は北に移動し、これまでには見られなかった生物群が登場した。哺乳類が激減したのは、環境の変化となじみのない植生が原因だというのが通説だ。哺乳類の絶滅が続いたのは、確かに環境ストレスのためかもしれない。しかし、同じような気候の変化は、その前の100万年の間に何度も起きているが、種が大きく失われることはなかった。何か別のことが起きていたはずだ。

その何かとは、ホモ・サピエンスだ。ヒトはかなり昔からアフリカやユーラシアで暮らしていたが、最後の氷河期が終わりかけるころまで「新世界」に足を踏み入れることはなかった。最近のことだが、1万6500年前から1万6300年前にかけてアイダホ州のサーモン川沿いに人間が住んでいた考古学的な証拠が見つかった。アジア北東部、おそらく太平洋岸から移住した人々の最初の記録だろう。この新しい集団は、最初に見つかったニューメキシコ州の都市にちなんでクローヴィスと呼ばれている。急速に拡大したこの集団は、大型哺乳類が姿を消す直前に、新しい高度な石器を手に入れた。獲物を殺したり解体したりする場所がたくさん見つかっていることから、クローヴィス文化は狩猟と密接に関連していたことがわかる。つまり、北米から大型哺乳類が姿を消す大きな原因になったのは、ヒトかもしれないということだ。おそらくは、狩猟と環境変化の両方が関係しているのだろうが、ヒトがいなければ現在の大陸の動物相は違うものになっていたかもしれない。オーストラリアでも、5万年前から4万年前にヒトがやってきたときに、土着の動物たちが姿を消している。逆に、シベリアの北、チュクチ海にぽつんと浮かぶウランゲリ島という無人島では、4000年前ごろまでマンモスが生きていた。探すべき場所さえわかっていれば、エジプトのファラオはマンモスと一緒に行進できたかもしれない。

つまり、ヒトはかなり昔から地球の生態系に影響を与えていた。そしてその影響力は、時間とともに加速度的に増大する。2つ目の、そしてやがて決定的な影響につながる現象は、イスラエルからヨルダン、シリア、トルコ、イラクとつながる三日月型の地域で約1万1000年前ごろに始まった。ここでヒトは初めて農耕を覚え、イチジク、オオムギ、ヒヨコマメ、ヒラマメなどを育てて収穫するようになった。次の1000年のうちに、ヒツジ、ヤギ、ブタ、ウシが家畜として飼われるようになった。実際には、農耕は世界のいくつかの場所で別々に発展した。中国（９０００年前）、メソアメリカ（1万年前）、アンデス（７０００年前）、一部のサハラ以南アフリカ（６５００年前）などだ。現在では、この文化の変遷を快く思わない人も多い。狩猟と採集に代わって農耕が行われるようになったことで、労働が増えたにもかかわらず、食べものの栄養価や信頼性は下がったからだ。それはそうかもしれないが、ｉＰｈｏｎｅを使い、映画を観て、がんを克服する私たちにとっては、農耕革命による社会変革はメリットであろう。少ない人数で多くの食料を生産できれば、それ以外の人は芸術、発明、商業に没頭できるからだ。

　当然ながら、耕作地や放牧地が広がるにつれ、それに比例して人間が自然に与える影響も大きくなった。街ができ、一部は都市に発展した。人口は増加し、商業が拡大した。ただ最初は、人間が環境に残す足跡はゆっくりとしか増えなかった。人間の生活やそれが地球に与える影響は、キリストの時代もその千年後もたいして変わらなかった。総人口もたいして変わらず、2億人前後で推移していた。しかし、地下に眠るエネルギー資源を使う方法を学ぶと、人口、技術革新、そして環境への影響の規模は格段に増加した。わずか2世紀足らずの間に、馬力は蒸気になり、ガソリンやジェット燃料になった。人口も１８００年ごろに10億人を超え、１９３０年には20億人、１９７５年には40億人に達した。２０２２年には倍の80

億人を突破した。人口の増加に伴い、一人ひとりが環境に与える影響も格段に増えている。化石燃料は19世紀から採掘されつづけているが、その消費量は第二次世界大戦以降で10倍近くになっている。

生態系への深刻な影響

ある意味で、産業革命は人類の黄金時代のはじまりだった。公衆衛生や好況によるメリットが広がるとともに、均等にとは言えないかもしれないが、世界中で人口が急激に増加した。70億人以上に食料や衣類を供給できるようになったのは、技術革新のおかげだ。しかし、地球はその技術によって激しく圧迫されている。

この圧迫は2つの方向から来ている。一つは生命に対する直接的な作用。もう一つは地球の物理環境に対する悪影響だ。直接的な作用として真っ先に挙げられる例は農業だ。今や地球の居住可能な地域の約半分が農地となり、かつてそこに生息していた植物、動物、微生物は行き場をなくしている。また、人間は自然の生態系を汚染し、空気や水、土壌、海に影響を与えている。もちろん、インドのデリーの大気汚染やミシガン州フリントの水汚染に代表されるように、汚染は私たち自身も苦しめている。それだけでなく、汚染によって自然界の生態系の多様性や生産性、復元力も損なわれる。その影響を受けていない生態系は皆無と言っていいだろう。

この問題に迫るため、メキシコ湾などの沿岸部で見つかり、「デッドゾーン」（死の海域）という不吉な名前で呼ばれている現象について考えてみたい。北米内陸部の農家は、コムギやトウモロコシの畑に大量の肥料を撒いている。肥料によって作物の収穫は増えるが、ほとんどの養分は植物に取り込まれることはなく、雨や地下水によって川に運ばれ、やがてメキシコ湾に流れ込む。ようやく肥料が効果を発揮するのがこの場所で、季節的に藻類が大量発生する。海底に沈んだ藻類は細菌によって消費されるが、その呼吸によって周囲の海水の酸素が奪われる。成長や代謝に欠かせない酸素がないため、海底やその付近に生息する動物は大量死する。初めてこの現象が見つかった１９８８年時点では、デッドゾーンにあたる水域は39平方キロメートルだった。それが２０１７年には、２万７７３０平方キロメートルにまで拡大している。これはニュージャージー州ほどの広さだ（訳注：東京都の広さが約２２００平方キロメートルなので、その約12倍にあたる）。ほかにも、世界中の沿岸水域で数百か所のデッドゾーンが報告されている。いずれも海洋生物にとって有害だ。

一部の植物や動物を食料目的や商業目的で利用することでも、生物多様性に直接的な影響が生じる。種を原産地から遠く離れた場所に移すのも同様で、中には異質な種の侵略を始める種もある。地球上でほかにはない威厳を見せる動物であるサイは、乱獲の犠牲者そのものだ。角に媚薬効果があるとされ、アジアの一部で珍重されているため、サイはアフリカやアジアで長いこと密猟の対象となっている。その結果、すべてのサイが絶滅の危機にさらされ、かつてアフリカ中部のいたるところで見られたキタシロサイは、野生環境ではほぼ絶滅した。世界的に見ても、狩猟によって多くの鳥や哺乳類の数が減少している。コンドルからゾウまで、積極的に保護しなければ、私たちの孫の代までもたない種は多い。

それに比べれば、広大な海はまだ手つかずの状態が保たれており、人間の搾取の手は及ばないように思うかもしれない。しかし近年、その虚構が暴かれつつある。ひとたび商業漁業に目を向ければ、乱獲の爪痕は明らかだ。魚介類を主なタンパク源とする人は約30億人とされるが、この10年で世界の漁場の6つに1つが利用できなくなっている。さらに、商業漁業全体の30パーセントで、持続可能な限界を超えた乱獲が行われている。そうでない場合でも、ほとんどが生態系の限界ぎりぎりの線に近い。カナダ東岸沖のグランドバンクスという漁場は、タラが姿を消したため、利用できなくなった。この事件は、状況がいかに深刻かを物語っている。1958年には80万トンの漁獲量があったタラに対して、1992年に商業的絶滅が宣言された。漁場に近いニューファンドランド島の文化構造も変わってしまった。この海域での商業漁業は禁止されたが、それから30年近く経過した今でも、タラの数は回復していない。

海は広大だが、だからといって汚染の影響を受けないことはない。海に流れ込むプラスチックの量は、毎分ゴミ収集車1台分と見られており、各地の海で動物の数に大きな影響を与えている。

化石燃料がもたらす宿痾

1世紀以上にわたり、自然の生態系は生息地の破壊や汚染、乱開発、侵略種によって蝕まれてきた。オーストラリアがヨーロッパの植民地になってから、オーストラリア原産の哺乳類の種の10パーセント以上が消えた。北米の鳥の数は、1970年に比べて30パーセント近く減った。また、ヨーロッパの草原にいる虫の数は、この10年で80パーセント近く少なくなった。こういった厳然たる統計のほとんどは、前述のような行為を反映している。だが、私たちの孫の世代が地球に対する人間の最大の影響として認識することになるであろう現象は、まだ続いている。21世紀に入っても、生息地の破壊などはとどまることはないだろう。しかもそれは、劇的に変わっていく地球で進行することになる。今後の大きなテーマとなるのは地球温暖化だ。炭素サイクルに人間が関わることによって、地球自体が変わり、危機的な状況が訪れる。

この迫りくる災難について理解するには、二酸化炭素と気候との根本的な関係、そして炭素循環における地球と生命との幅広い相互作用にもう一度注目しなければならない。復習しておくと、植物などの光合成を行う生物は空気や水からCO_2を取り除き、炭素を固着させて成長や生殖に必要な生体分子を作る。動物や菌類、そして無数の微生物は、そういった分子を呼吸することでエネルギーを得ており、その過程で炭素はCO_2の形で環境に返される。光合成と呼吸はほぼバランスがとれているが、完全に均衡しているわけではない。均衡していない部分は、呼吸やそれに関連するプロセスを逃れて堆積する有機物を指している。このようにして埋もれた有機物の一部は、熟成されて石油や石炭、天然ガスになる。これらは、数百万年という長い時間をかけなければ、地表の炭素サイクルに戻ってくることはない。プレートテクトニクスによって堆積物が持ちあげられて山になり、露出して化学的風化や浸食を受けたときだ。少なくとも、産業革命が起きるまではそうだった。

炭素サイクルの物質に関連する部分に注目すると、大気中にCO_2が追加されるのは火山によってであり、除去されるのは化学的風化によってである。炭素は最終的に石灰岩として堆積する。このプロセス全体が、大気中の二酸化炭素の量を決めている。また、CO_2は強力な温室効果ガスなので、長い目で見れば気候にも影響を及ぼす。第7章で解説したように、

2億5200万年前のペルム紀末に、巨大火山が大気中に大量のCO_2を排出し、それによって地球温暖化や海洋酸性化（生理学的に重大な規模で海水のpHが低下すること）、そして海の酸素の欠乏が起きた。陸上でも海中でも、生命の多様性が失われた。しかし、火山活動の結果として起きた温暖化により、化学的風化の速度が速まったため、数千年後には大気中のCO_2はもとのレベルに戻っていた。

火山は炭素サイクルを乱す自然の仕組みかもしれないが、人間も同じくらいの力を持つ新たな仕組みを生み出している。それは化石燃料の燃焼と農業目的の森林伐採だ。何億年もかけて作られた石炭、石油、天然ガスにより、炭素が途方もない速さで大気中に返されている。21世紀の人類は、世界の火山をすべて合わせた量の100倍の二酸化炭素を大気中に放出している。しかし、大気や海洋にCO_2を放出する速度はますます上がっているにもかかわらず、それを取り除く速度を増やす技術は（まだ）何もない。そのため、私たちの周囲の空気に含まれるCO_2は増えつづけている。

ペルム紀末の絶滅後と同じように、やがて地球の温暖化によって化学的風化の速度が上がり、大気中の二酸化炭素の量はバランスを取り戻すことになるだろう。しかしこれまでそうだったように、このプロセスには数千年の時間が必要だ。私たちや子どもや孫の世代だけを見るなら、CO_2は増えつづける一方でしかない。

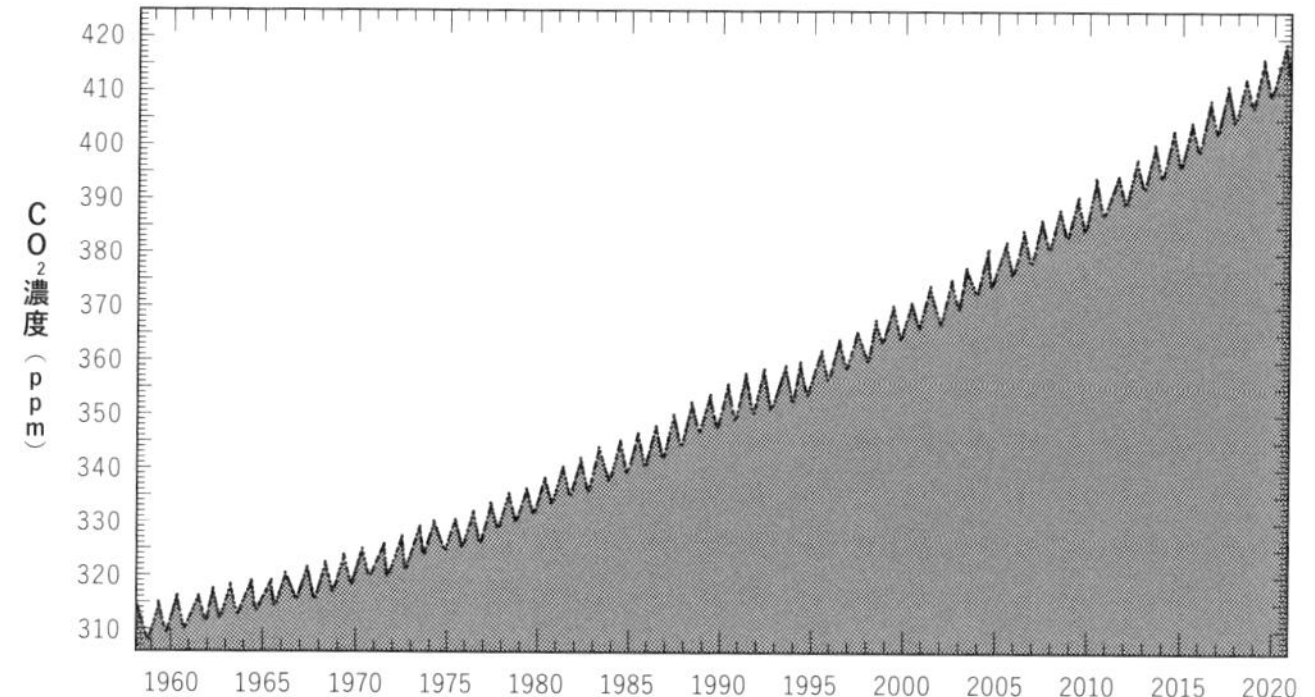

図 47：大気中の二酸化炭素の量。1958 年以来、ハワイのマウナロア山頂の観測所で 1 時間に 1 回計測を続けたもの。毎年の小さな変動は、北半球には赤道以南よりも陸地が多いために起きている。北半球が夏である間は、光合成が活発になるため、二酸化炭素レベルが下がる。北半球が冬だと、光合成は遅くなるが、呼吸のペースは変わらないため、大気中の二酸化炭素は元に戻る。

出典：Scripps Institution of Oceanography

大気中のCO_2が増加しているとわかるのは、それを測定できるからだ（図47）。チャールズ・デビッド・キーリングが大気の組成のモニタリングを始めたのは、1958年のことだった。ハワイのマウナロア山頂の観測所で1時間ごとに計測するという観測は、今も続いている。キーリングが観測を始めたとき、ハワイ上空の空気には316ppmの二酸化炭素が含まれていた。2020年5月には、それが417ppmまで増加した。ここまで高い値になったのは、数百万年ぶりのことだ。社会が大きく変化しないかぎり、今世紀半ばには500ppmに達するだろう。これは南極の氷河ができる前の温暖な世界の空気に近い。人間もその先祖のホミニンも経験したことのない空気である。

観測されたCO_2の増加は、主に化石燃料の燃焼によるものであることはわかっている。空気には、その化学的証拠が残されているからだ。この60年以上の間には、大気中の二酸化炭素の量を測定した科学者もいたが、そのCO_2の炭素同位体の組成を測定した科学者もいた。炭素の2つの安定同位体である炭素12と炭素13の比率は、地球の主な炭素の貯蔵源によって異なっている。その違いを利用すれば、大気中で増加したCO_2の源をピンポイントで特定できる。火山ガスの二酸化炭素や海水に溶けているCO_2ではない。これらの同位体の組成では、大気中のCO_2の同位体組成の変化を説明できないからだ。逆に、光合成で作られる有機物は、このデータを完璧に説明できる組成だ。安定同位体からの証拠だけから考えるなら、大気中で増加したCO_2の源は森林伐採か化石燃料ということになる。しかし、炭素の3つ目の同位体である炭素14の分析を加えれば、明確な答えが出る。炭素14は放射性同位体なので、数千年の時間軸で崩壊して窒素になる。そのため、生物中には多少存在するが、大昔にできた化石燃料には存在しない。測定結果から、大気中のCO_2に占める炭素14の割合は、時間とともに減少していることがわかっている。つまり、大気中のCO_2の増加の主な原因は、人間が急増する人口のエネルギーや暖房を賄うために石炭、石油、天然ガスを燃やしていることだ。

大気中の温室効果ガスが増えれば、当然地表は温暖化する。そして、それが起きていることも測定できている。今なら衛星を使って地球をモニタリングできるが、1世紀前の気温は気象学や海洋学の古い記録から集めなければならないため、多少の不確実性が入り込む。それでも、過去100年の間に地表の平均気温は1℃弱上昇しているというのが科学的な共通見解だ。極地では、低緯度地域よりも上昇のペースが速い。パリ協定（2016年）で、参加各国は地球温暖化を産業革命の前から2℃未満の範囲に抑えるために、2030年までにCO_2の排出量を大幅に減らすという目標を掲げた。もう期限の半分近くまで来ている。成功した場合の利益は計り知れないが、大幅にやり方を変えない限り、その見込みはない。

地球が温暖化すると、どのようなことが起きるのか。その影響は場所によって異なり、勝者と敗者に分かれることになるだろう。最新の推定によれば、2050年のカナダのトロントは現在のワシントンDCくらいの気候になる。雪が減ることを期待するカナダ人もいるかもしれないが、ワシントンの住人のことも考えてみてもらいたい。夏は今でも十分不快な気候だが、2050年の暑さと湿度はそれをはるかに上回ることになる。アメリカのブルッキングス研究所の研究によると、アメリカのカナダ国境沿いの州は、わずかかもしれないが、21世紀の気候変動による経済効果の恩恵を受けられる。逆に、南部の州の経済は悪化し、その額が現在の収入の15パーセントにおよぶ郡もあるという。経済的な被害がもっとも大きいのは、もっとも盛んに気候変動を否定している場所なので、ある意味で自業自得だと思う人もいるかもしれない。しかし最終的には、地球温暖化の代償はすべての人に降りかかることになる。気温が変われば、降水量も変わる。21世紀の現在、水資源はすでに地政学的な火種になっており、時とともにその重要性は増す一方だ。アメリカ南西部、中東の人口密集地域、アフリカ南西部、イベリア半島などでは、降雨量が減ると見られている。低緯度地域には、山の氷河が解けることによる季節性の水に依存している人が20億人近くいるが、その人々が利用できる水は少なくなる。水の源となる氷河が縮退し、やがては消えてしまうからだ。

すでに異常気象の頻度は上がっており、21世紀以降のもう一つの課題になっている。カリフォルニア州やオーストラリアの大規模な森林火災は、明らかな温暖化と干ばつの代物にほかならない。昔はこのような条件がそろうことは珍しかった。当然ではあるが、恐れるべきは地球の変化が加速して世界中で異常気象が日常的に起こることだ。そうなれば、食料確保と政治的安定に甚大な影響が生じる。

自然界への影響はどうだろう。生息地の破壊、乱開発、汚染、種の侵略といった問題に地球環境の変化が加わる中で、植物や動物、微生物はそれにどう対応するのだろうか。環境の変化に対する対応は、適応、移動(好む生息環境を追いかけること)、絶滅のいずれかだ。短時間での適応を余儀なくされた例もいくつかは見られるが、多くの種にとって、21世紀の地球の変化の速さは脅威でしかない。移動も同様で、21世紀の世界では、移動経路が畑や都市、高速道路などによって隔てられている。だとするなら、第3の選択肢を最低限にとどめるために、何ができるのか。

生息地の破壊などによる脅威にさらされている種を保存するには、国立公園や環境保護区といった形で環境を守る取り組みが不可欠だ。現在の保護区は維持しなければならないし、それを拡大することで得られるメリットは大きい。ただし、保護区の気候が変わりつづけるなら、いったいどれほどの種を保護できるのか。保護回廊を設けて自由な移動を促すことも役に立つだろうが、たとえその場所が保護されていようと、気候変動によって多くの種の分布は変わってしまう。これまで遭遇することのなかった種が同じ場所で暮らすようになれば、競争や生態系の復元力にどんな影響が及ぶかはわからない。

気候変動が加速する中、海はまたもやポーカーフェイスを見せているように思えるかもしれない。一見、広大な海は人間の影響とは無縁だ。しかしここでも、そのような解釈は致命的な誤りである。理由の一つが海面上昇だ。解けた氷河が海に流れ込むのに加え、温まった海水は膨張する。20世紀の間に、世界の海面は平均15センチから20センチ上昇した。近年、そのペースは上がっている。２１００年の予測値は不確定要素が多いが、さらに50センチから１００センチ上昇するという見方が大半だ。大した規模ではないと思うかもしれないが、ヴェネツィアやバングラデシュ、太平洋環礁、あるいはフロリダ州に住んでいる人の生活は、海面の変化によって一変する。海面の上昇とともに、海水の物理的性質も変わる。驚くことではないが、大気中のCO_2が増えると、地表と同じように海も温暖化する。温かい水には酸素があまり溶けないので、海の酸素は減る。一番影響を受けるのは深海だ。実際に海は人間の活動によって排出された二酸化炭素を大量に吸収しており、海水のpHは低下している（海洋酸性化）。そう、ペルム紀末の火山活動によって引き起こされたあの「死の三重奏」が、強さを増して21世紀に戻ってくるということだ。この現象はもう始まっている。

世界のあらゆる場所が変化しているが、その複雑にからみ合った課題群を端的に現しているのが、オーストラリアのグレート・バリア・リーフだ。２３００キロ以上にわたってサンゴ礁が連なるこの場所は、数百万年の間オーストラリア北東沖を美しく彩り、実に多様な生命を支えている。さらに、近隣の陸地を嵐から守るという役目も果たしている。このように長い歴史があるにもかかわらず、最近の研究によって、１９８７年から２０１２年の間に約50パーセントの面積にあたる生きたサンゴが失われたことが明らかになった。原因のほとんどは、サイクロンと農業廃水に含まれる養分が原因で増殖したヒトデによる食害だ。海水温の上昇とｐＨの減少によって、状況はさらに厳しくなっている。たくさんの実験や実地調査から、海水のｐＨが下がると、サンゴが炭酸塩骨格を分泌する能力が低下することがわかっている。そのため、海洋酸性化が加速すると、サンゴは石灰岩の骨格を作ることができなくなる。つまり、生物多様性を支える礁が形成されなくなる。さらに、海水温が上昇すると別の問題も生じる。礁を形成するサンゴは、組織内で藻類を飼っているようなもので、大半の栄養分をそこから得ている。しかし、あまりよく知られていないかもしれないが、周囲の水温がある限界点を超えると、サンゴは藻類を放出してしまう。するとサンゴは白くなってしまうので、この現象は白化と呼ばれている。昔、極端な水温の上昇がめったに起こらなかったころは、さらに多くの藻類を集めて復活することが多かった。しかし現在は、水温の上昇によって頻繁に白化が起こっている。これはサンゴ礁の死に等しい。２０１６年と２０１７年には、グレート・バリア・リーフ北部で相次いで白化が起き、この水域に群生していたサンゴの約半分が死滅した。白化は２０２０年にも起き、サンゴの死滅は相当な範囲に及んでいる。太平洋のある水域では、水温の変化に強いサンゴが見つかっている。さらにサンゴの再生をサポートするプログラムを組み合わせれば、世界中の礁の生態系を維持する余地はあるかもしれない。地球上でほかに類を見ない生態系のいくつかにとって、残された時間は刻々と減りつづけている。

今の時代のことを「人新世（ひとしんせい）」と呼ぶ地質学者が増えている。人間がまわりの世界に与える影響のすさまじさと、それ以前の時代とはまったく違うことを強調した呼称だ。未来の地質学者や古生物学者には、現在の世界は特異な時代と映るだろう。地質学的にまれに見る速さで環境が変化し、古生代や中生代を終焉させた大量絶滅ほどではないにしろ（そうならないことを願わざるをえない）、過去に起きた小規模の種の絶滅に匹敵するほど生命の多様性が失われたからだ。しかし、あらゆる地球の人為的変化のうちで、もっとも衝撃的なものは人間の反応かもしれない。まるで何の心配もないかのように、今に至るまで人間はほとんど何の対応もしていないからだ。１９５７年の時点で、海洋学者のロジャー・レーヴェルは、大気中のCO_2レベルの上昇が気候変動につながり、その結果として世界中の生態系が変化することをはっきりと述べていた。その後も、年を経るごとに科学者が発するメッセージは明確に、そして恐ろしいものになっている。人間にとって、何十年もかけてゆっくりと起きる変化に関心を持つのは難しいことのようだ。しかし、この時間軸は誤解を生みやすい。今20歳なら、重大な変化はあなたが生きているうちに起きる。今60歳なら、孫の世代がこの問題に直面する。火災、ハリケーン、水不足、漁業の崩壊、難民問題。こういった問題は今でも十分難しいが、時間が経てばさらに難しくなる。

金銭的な利益を得るために現状を維持したい人々は、地球の変化に関する偽情報を流している。かなり昔、がんと喫煙の関係についての議論があった。そこからも、よりよい明日の世界よりも目先の利益を優先する人がいることがよくわかる。経済を理由にしてしかるべき行動を起こさないのは、利己的で場当たり的な対応だ。何もしないことによって被るコストを考えていない。今のうちに生活や労働の仕方を変えるために1ドルを使っておけば、今世紀末には5ドルになって返ってくるという試算もある。

確かに言えるのは、将来の気候とそれがもたらす結果は確実には予測できないことだ。偉大な自然科学者であるニールス・ボーアは、「予測というのは難しいことだ。特に未来のことについては」と述べたという。実際にそう言ったのがボーアであろうとなかろうと、それは間違いなく真実だ。かつての21世紀の気候変動に関する科学的予測の中には、的外れなものもあった。だがそれは、ほとんどで変化の速さが過小評価されていたからだ。科学者は本質的に保守的であり、私たちは地球温暖化を加速させてその結果を悪化させる負のフィードバックが続いていることを知っている。そこから現時点での最大限の予測を行うとすれば、

（1）今世紀の人間の活動の結果として「何の変化も起こらない」可能性はほぼ皆無である

（2）現在のモデルが予測するよりもはるかに早く深刻な変化が起きる可能性があるとなるだろう。

この暗い未来像を前にすれば、絶望とあきらめしか感じないかもしれない。だが、実際にはチャールズ・ディケンズの『クリスマス・キャロル』に登場する「未来のクリスマスの霊」のようなものだ。この霊が主人公のスクルージに見せたのは、このまま何もしなければどうなるかだ。それを見たスクルージは変わり、まわりのためになる生き方をするようになった。確かに、40億年にわたる進化によって作られた自然の世界を尊重しつつ、社会全体の未来も守るというのは、極めて難しいことだ。さらに、何もしない年が積み重なるほど、果たさなければならないことは増え、残された時間も少なくなる。しかし、世界全体でこの問題に取り組めば、安全で健全な世界を後世に残すことができる。西側の先進国は、食事、家庭、移動について賢い選択をして環境フットプリントを減らすことができる。生活条件を改

善させたい世界中の人々に支援を行い、持続可能な代替手段を提供することもできる。市民レベルでは、生物多様性の保存や地球にやさしい技術開発の取り組みを支援することができる。たとえば、新しい形態の電池（持続可能なエネルギー源を最大限に活用するもの）や、大気から二酸化炭素を取り除く仕組みが思い浮かぶ。ジョージ・ワシントンが退任のスピーチで、アメリカ国民に対して「私たち自身が背負うべき重荷を子孫に押しつける」ことについて警鐘を鳴らしたことはよく知られている。ワシントンが話したのは税金や国債のことだったが、世界の気候変動やその結果についてもまったく同じことが言える。かつてアメリカとその同盟国は、極めて有能な人材を集めて爆弾を開発させた。同じようにして、孫の世代によりよい世界を残すこともできるかもしれない。

今、あなたが立っているのは、40億年にわたって物質と生命が作りあげてきた遺産の上だ。あなたが歩いているのは、かつて三葉虫が生息していた古代の海底だったり、巨大恐竜が歩いていたイチョウの丘だったり、マンモスが支配していた極寒の平原だったりした場所だ。そういった生物たちが支配していた世界を、今は人間が支配している。人間が恐竜と違うのは、過去を理解し、未来を思い描けることだ。人間が受け継いだ世界は人間だけのものではない。人間には責任がある。世界のこれからは、あなたの手に委ねられている。

謝辞

本書は、地球とそれが支える生命について理解することに費やした人生の成果だ。5つの大陸で調査を行い、最初にオーバリン大学で、そしてその後40年近くを過ごしたハーバード大学で教鞭を執る中で、地球の過去、現在、そして未来の可能性について極めて多くのことを知ることができた。こういった努力のすべては、人々の知恵や助力、支援に支えられてのものだ。

通常、科学者は2つの知的な流れの合流点に立っている。一つは、恩師たちから流れ込んでくるものだ。私の恩師と言えるのは、地球初期の生命を探した古生物学者のパイオニアであるエルソ・バーグホールン、地球環境史研究の基礎を築きあげた傑出した地球化学者であるディック・ホランド、私が進化論に興味を持つきっかけを与えてくれたスティーヴン・ジェイ・グールド、堆積岩を綿密に分析することを勧めてくれたレイ・シーヴァー、そしてシアノバクテリアについて教えてくれたスティーヴ・ゴルビックなどだ。もう一つの流れは、研究室で働く学生や博士研究員とのつながりだ。アイデアや知見は、2つの方向に確かに流れていく。ノール研究室からは、新たな方向の古生物学、地球生物学、地球史などを専門とするすばらしい研究者たちが巣立っている。彼らすべてが感謝の対象であり、誇りである。

長年にわたる私の科学論文の共著者たちは、ゆうに500人を超える。ここで一人ひとりを挙げるわけにはいかないが、全員に感謝している。しかし、どうしても省くことができないのは、私の生物地球化学の知識のすべてをもたらしてくれたジョン・ヘイズ、北極研究について手ほどきしてくれたキーン・スウェットとブライアン・ハーランド、友人であるとともにオーストラリア内陸部を何度となく一緒に調査したマルコム・ウォルター、シベリアの地質調査のパートナーとなってくれたミーシャ・セミハトフとヴォロディア・セルゲーエフ、私の古生物学的直感を研究室の実験にしてくれたマリオ・ジョルダーノ、30年にわたる実地調査でナミビアやシベリアから（少なくとも仮想的には）火星まで一緒に飛び回ったジョン・グロッツィンガー、長いこと進化について新たな方法で考えるよう促しつづけてくれたリチャード・バンバッハだ。

小説家のアーネスト・ヘミングウェイにはマクスウェル・パーキンズという編集者がいたが、ありがたいことに私にはピーター・ハバードがいる。本書はピーターによる構想で、すべてのページにピーターの助力や助言、そして建設的な批判が込められている。また、モリー・ジェンデルとハーパーコリンズのすべての人たちにも感謝したい。彼らは全員がプロフェッショナルだ。また、本書の画像の使用を快く承諾してくれたアタカマ大型ミリ波干渉計、マッテオ・チネラート（Ｗｉｋｉ経由、クリエイティブ・コモンズ）、マリー・サープ・マップスＬＬＣ、ラモント・ドハティ地球観測研究所、DeepTime Mapsのロン・ブレイキー、スミソニアン協会国立自然史博物館、アメリカ自然史博物館、エバーハルト・カール大学テュービンゲンの古代文化博物館、スクリップス海洋研究所、アメリカ海洋大気庁、そして友人で同僚でもあるチュー・マオヤン、ニック・バターフィールド、シュハイ・シャオ、ガイ・ナルボーン、マンシ・スリヴァスタヴァ、フランキー・デュン、アレックス・リュー、ミシャ・フェドンキン、ジーン＝バーナード・キャロン、アレックス・ブレイジア、ハンス・カープ、ハンス・シュトイアー、ニール・シュービン、マイク・ノヴァチェク、アダム・ブラムに感謝したい。

最後に、もっとも重要なわが家のチームであるマーシャ、キルスティン、ロブに感謝を捧げる。家族の愛と助力がなければ、本書（とその他多くのこと）は存在しなかった。

訳者あとがき

都会の街並みはめまぐるしく姿を変えている。あちこちで古い建物が取り壊され、新しい建物が立つ。工事現場の横を通りかかると、ふと、少し前までこの場所には何があったのだろうかと思うことがある。少し前の街の姿なら、インターネットで調べればわかるかもしれない。しかし、さらにその昔、たとえば昭和時代、明治時代、あるいは江戸時代には、ここにどんな街並みが広がり、どんな人々が生活していたのだろうか。さらに時代をさかのぼれば、ほとんどの場所が原野だったり海だったりしたのだろう。長い時間の中で、この場所はどんな景色や人々を見てきたのだろうか。

宇宙が誕生してから138億年、地球が誕生してから46億年と言われている。足元の石ひとつにしても、どこでどのように生まれ、何を経験して今ここにあるのかという壮大なドラマがある。さらに突き詰めていけば、その石や私たちの体を作る原子も、宇宙の長い歴史のどこかで生まれ、無限ともいえる時を経てきたはずだ。私たちが今を生きるこの世界のうしろには、そのような膨大な歴史があり、さまざまな物質や生命が繰り広げてきた果てしない営みがある。わずかな狂いが生じただけでも、地球自体が存在しなくなっていたかもしれないし、生命が生活できる環境は生まれなかったかもしれない。それに想いを馳せるなら、宇宙の神秘を感じざるをえない。

本書は、そのような地球の46億年にわたる営みを解き明かす一冊だ。地球が46億年の歴史の中でどのように形成されてきたのか。地球を作る陸や海、呼吸できる空気はなぜ存在するのか。そして数々の生命はどのようにして生まれ、進化し、滅びて、今にいたっているのか。それを探るのが地質学であり、古生物学だ。岩石や地層、そして化石には、はるか昔に地球で起きたことの痕跡が残されている。本書では、それを読み解いた結果だけでなく、その手法も概説されている。地球に残された証拠から、過去の地球に生まれた生命だけでなく、かつて存在していた大陸、そして大気の組成までわかる。一つひとつの手がかりをつなぎ、過去の事実を突き止めていく過程には、まるで推理小説のようなおもしろさがある。本書を読み終えた方なら、そう感じているのではないだろうか。

本書が問いかけるもう一つのテーマが、環境問題だ。目に見える生命が登場したのは約5億4000万年前、人間が登場したのはわずか約30万年前にすぎない。地球の長い歴史のほんのわずかな部分に登場した人間が、これまでにないペースで地球の環境を変化させている。最後の章で数々の証拠とともに示されているように、今世界的に起きている地球温暖化、海面上昇、海洋酸性化などは、人間の活動、とりわけ化石燃料の燃焼によるものであることは明らかだ。過去の地球が経験した温暖化とは本質的に異なる。地球にはそれを相殺する力が備わっているが、それには長い年月が必要だ。私たちは奇跡のような地球の営みの果てに今を生きている。そのバトンを未来の人類につないでゆけるかどうかは、今を生きる私たちにかかっている。人間は意志を持ち、未来を思い描くことができる。自分たちの利益だけを考え、地球を顧みない人々が増えれば、暗い未来像は現実のものになってしまうはずだ。まさに私たちは、地球や人類の存亡に関わる問題を前にしている。

最後に、本書の原著者であるアンドルー・ハーバート・ノール博士について簡単に紹介しておきたい。ノール博士はハーバード大学自然史学フィッシャー記念教授であり、その功績は世界的に高く評価され、数々の賞を受賞している。中には日本の賞もある。２０１８年には第34回国際生物学賞を受賞し、天皇ご臨席のもとで行われた授賞式に参加している。魚類研究者でもある陛下と親しく会話する機会もあったようだ。本文中でも触れられているように、博士はノルウェーのスピッツベルゲン、オーストラリア、中国など、世界各地の発掘調査からかつての地球の姿を明らかにしてきた。また、ＮＡＳＡの火星探査ミッションに参加したことも知られている。地質学、古生物学、地球科学、進化生物学など、さまざまな分野の知見や実地調査を組み合わせて地球の歴史に迫る研究は、高く評価されている。本書はその集大成であり、地球史を語るうえでこれ以上ふさわしい人物はいないだろう。

このような書籍の翻訳に携われたことは、身に余る光栄だと感じている。本書を通して、地球の歴史や環境問題、サステナブルな技術開発などに関心を持ってくれる人が増えることを願うばかりだ。街を歩くとき、あるいは足元にある石が目に入ったとき、地球の歴史に想いを馳せてみるのも一興だろう。

索引

あ行

か行

さ行

た行

な行

は行

ま行

や行

ら行

わ行

著 者／アンドルー・H・ノール

アメリカ、ハーバード大学自然史学フィッシャー記念教授。国際生物学賞、米国科学アカデミーのチャールズ・ドリトル・ウォルコット・メダルおよびマリー・クラーク・トンプソン・メダル、古生物学会メダル、ロンドン地質学会ウォラストン・メダルなどを受賞。20 年近くにわたって、ＮＡＳＡの「マーズ・エクスプロレーション・ローバー」火星探査ミッションにも参加している。著書に『生命 最初の 30 億年――地球に刻まれた進化の足跡』(紀伊國屋書店)がある。

翻訳者／鈴木和博

翻訳家。筑波大学第三学群情報学類卒。主な訳書にアン・ルーニー著『天空の地図 人類は頭上の世界をどう描いてきたのか』(ナショナル・ジオグラフィック)など。

A BRIEF HISTORY OF EARTH: Four Billion Years in Eight Chapters
by Andrew H. Knoll

たった1日でわかる
46億年の地球史

2023年10月11日　第1刷発行

著者　アンドルー・H・ノール
訳者　鈴木和博
デザイン　神戸順・佐々木伸（文響社デザイン室）
カバーイラスト　周田心語（文響社デザイン室）
本文組版　エヴリ・シンク
編集　畑北斗

発行者　山本周嗣
発行所　株式会社文響社
〒105-0001　東京都港区虎ノ門2-2-5　共同通信会館9F
ホームページ　https://bunkyosha.com
お問い合わせ　info@bunkyosha.com
印刷・製本　中央精版印刷株式会社

 ISBN978-4-86651-669-1　Printed in Japan
本書に関するご意見・ご感想をお寄せいただく場合は、郵送またはメール（info@bunkyosha.com）にてお送りください。